見て試してわかる
機械学習アルゴリズムの仕組み

機械学習

図鑑

加藤公一［監修］
秋庭伸也・杉山阿聖・寺田学［共著］

本書内容に関するお問い合わせについて

このたびは翔泳社の書籍をお買い上げいただき、誠にありがとうございます。弊社では、読者の皆様からのお問い合わせに適切に対応させていただくため、以下のガイドラインへのご協力をお願い致しております。下記項目をお読みいただき、手順に従ってお問い合わせください。

●ご質問される前に

弊社Webサイトの「正誤表」をご参照ください。これまでに判明した正誤や追加情報を掲載しています。

正誤表　https://www.shoeisha.co.jp/book/errata/

●ご質問方法

弊社Webサイトの「刊行物Q&A」をご利用ください。

刊行物Q&A　https://www.shoeisha.co.jp/book/qa/

インターネットをご利用でない場合は、FAXまたは郵便にて、下記"翔泳社 愛読者サービスセンター"までお問い合わせください。電話でのご質問は、お受けしておりません。

●回答について

回答は、ご質問いただいた手段によってご返事申し上げます。ご質問の内容によっては、回答に数日ないしはそれ以上の期間を要する場合があります。

●ご質問に際してのご注意

本書の対象を越えるもの、記述個所を特定されないもの、また読者固有の環境に起因するご質問等にはお答えできませんので、予めご了承ください。

●郵便物送付先およびFAX番号

送付先住所　〒160-0006　東京都新宿区舟町5
FAX番号　03-5362-3818
宛先　(株)翔泳社 愛読者サービスセンター

はじめに

ビッグデータ、AI、ディープラーニング、2010年代に流行り始めたこれらの言葉は、今や当たり前に使われるようになり、関連技術としての機械学習は非常に身近なものになっています。

機械学習アルゴリズムの理解やビジネスへの活用といった課題は、データサイエンティストだけのものではありません。ソフトウェアエンジニアやプロジェクトマネージャーといった職種でも、これらの課題に取り組むことが求められています。本書は、さまざまな機械学習アルゴリズムを解説した本です。

機械学習の勉強を始めたばかりの方は、慣れない数式や統計の用語に苦労することがあるのではないでしょうか。そんなとき、1つの図が理解を助け、頭の中で機械学習のイメージができるようになることがあります。本書は、機械学習を専門としていない方々が理解しやすいように、なるべく少ない数式で図を中心に解説を行なっています。各種アルゴリズムの特徴や違いがわかるようになっています。

これまで機械学習の勉強をしてみたけれど、慣れない数式や統計の用語に苦労してきたという方には、是非読んでいただきたいと思います。

また、本書で使われているコードはPythonで実装されています。Pythonは機械学習や統計に関連するライブラリが豊富で、非常に人気のある言語です。是非、実際にコードを動かしながら、本書を読み進めてみてください。

2019年3月
秋庭伸也

対象読者

本書は、以下のような読者を対象に書かれています。

機械学習に興味があり、勉強し始めている。
いくつかの機械学習アルゴリズムを知っているが、もっとたくさんの機械学習アルゴリズムを学びたい。
数式があまり得意ではなく、機械学習の専門書を読むのに苦労している。
問題設定に合わせて機械学習アルゴリズムの選定ができるようになりたい。
ある程度プログラミングの経験があり、サンプルコードを実行することができる。

機械学習の数学的な背景や最適化を行う際の具体的な計算手順は、詳しく解説していません。より理解を深めたい場合は引用文献や書籍を調べてみてください。

本書の読み方

各章の内容は、次のようになっています。まず、第1章は機械学習の基礎について説明しています。機械学習の全体像から学びたい場合は第1章から順に読み進めてください。
第2章と第3章では、機械学習アルゴリズムの各手法について紹介しています。ある程度機械学習の知識がある場合や個別のアルゴリズムについて調べたい場合は、こちらの章の各手法から読んでいただいて構いません。
第4章は、機械学習の評価方法についてまとめています。機械学習を実際に利用する際には、こちらの章の解説が役に立つはずです。
また、巻末にはPythonの環境構築方法、機械学習に必要な数学の知識はダウンロードファイル中のPDFに記載してあります。

数式や記号について

本書で扱う数式や記号について記します。

・ベクトル
ベクトルは、アルファベットの小文字太字で表します。また、ベクトルのi番目の要素を$\mathbf{x}_i$のように表します。

$$\mathbf{x} = \begin{pmatrix} x_1 \\ x_2 \\ x_3 \end{pmatrix}$$

・行列

行列は、アルファベットの大文字で表します。また、行列のi行目、j列目の要素をw_{ij}のように表します。

$$W = \begin{pmatrix} w_{11} & w_{12} & w_{13} \\ w_{21} & w_{22} & w_{23} \end{pmatrix}$$

・総和

要素の総和は、Σを使って表します。以下はn個の値（x_1, x_2, ..., x_n）について総和を計算したものです。

$$\sum_{i=1}^{n} x_i$$

本書のサンプルについて

■ 本書のサンプルの動作環境

本書の各章のサンプルは以下の環境で、問題なく動作することを確認しています。

・Python：3.7

・scikit-learn：0.20.3

■ サンプルプログラム・会員特典ファイルのダウンロード先

本書で使用するサンプルプログラムは、下記のサイトにまとめてあります。適時必要なファイルをダウンロードしてお使いください。

・サンプルプログラム

https://www.shoeisha.co.jp/book/download/9784798155654

本書の会員特典ファイルは下記のサイトからダウンロードできます。

・会員特典ファイル

https://www.shoeisha.co.jp/book/present/9784798155654

■ 免責事項について

サンプルプログラムは、通常の運用において何ら問題ないことを編集部および著者は認識していますが、運用の結果、万一いかなる損害が発生したとしても、著者及び株式会社翔泳社はいかなる責任も負いません。すべて自己責任においてお使いください。

2019年3月
株式会社翔泳社　編集部

目次

contents

第2章 教師あり学習

第3章 教師なし学習 099

目次 contents

第1章

機械学習の基礎

囲碁界に衝撃が走ったのが、2016年春のことです。
トップ棋士がコンピュータに完敗するという事件が起こり、AIブームに火が着きました。勝利したのは、DeepMind社が開発したAlphaGoというプログラムで、最新の機械学習技術が利用されました。
今現在、AIやディープラーニングなどに関する言葉がニュースをにぎわせています。これらの言葉を理解するために、そもそも機械学習とはどのようなものかを見ていきたいと思います。

1.1 機械学習の概要

機械学習とは

機械学習とは、与えられた問題や課題または環境に応じてコンピュータ自身が学習し、学習結果を活かした問題解決や課題解決などを行う仕組み全体のことをいいます。

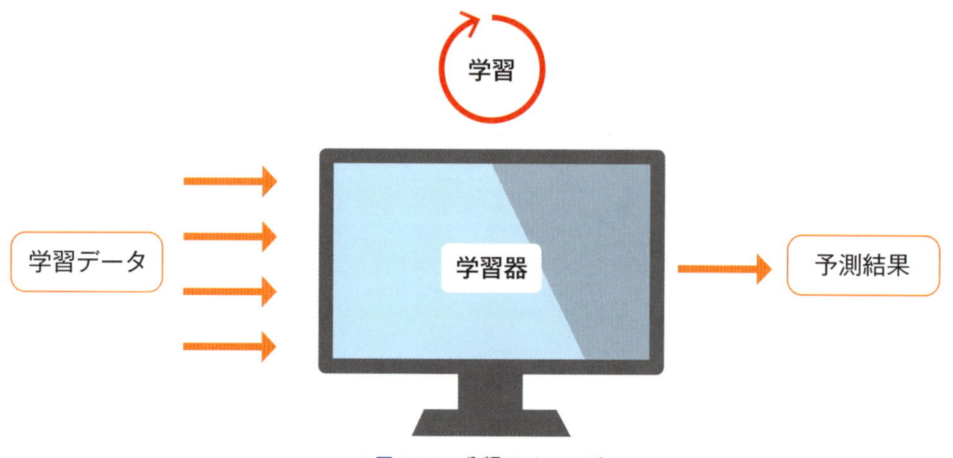

▲図 1.1.1　分類のイメージ

機械学習と共に話題に挙がる言葉として、人工知能（AI）やディープラーニング（深層学習）というものがあります。これらの言葉について、一度整理してみましょう。人工知能は幅広い意味で用いられ包括的なシステムを意味します（図1.1.2）。人工知能を実現する手段の1つが機械学習です。つまり機械学習は人工知能を実現する唯一の手段ではないのですが、近年の人工知能の研究では機械学習を用いるのが一般的です。人工知能を実現するための他の手法としては、前もってルールを定めておくものから数理的に予測していくものなど多岐にわたります。

近年ディープラーニングと呼ばれる機械学習のアルゴリズムが注目されており、人工知能といえばディープラーニングのことだという誤解もあります。しかしディープラーニングは機械学習のアルゴリズムの1つにすぎません。ディープラーニングは画像認識の分野で画期的な成果を上げ、注目されたアルゴリズムです。今ではそれ以外の分野でも成果を上げています。

機械学習にはさまざまなアルゴリズムが用いられます。機械学習の対象によって適切なアルゴリズムを用いる必要があり、本書では適切なアルゴリズムが選択できるようになることを目標にしています。各アルゴリズムの性質を理解することで、実際に機械学習を動かしてみることができるようになるはずです。

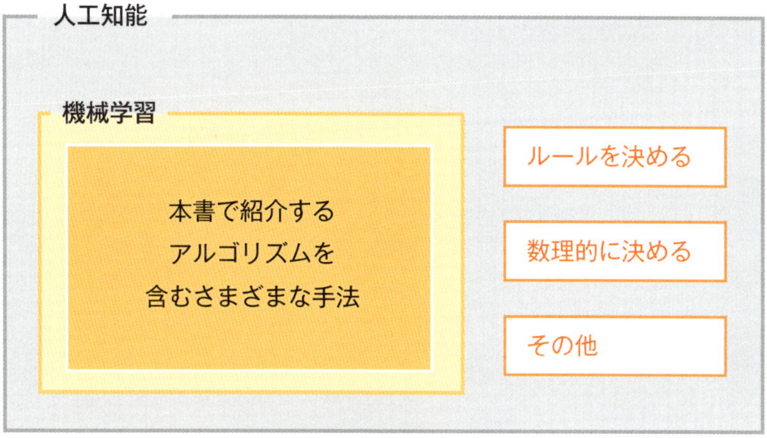

人工知能
機械学習
本書で紹介する
アルゴリズムを
含むさまざまな手法
ルールを決める
数理的に決める
その他

▲図 1.1.2　機械学習の包含関係

機械学習の種類

機械学習には複数の種類が存在しています。入力データが何であるかに注目して、以下のように分類します。

・教師あり学習
・教師なし学習
・強化学習

それぞれ詳しく見ていきます。

教師あり学習

教師あり学習は、問題の答えをコンピュータに与えることで機械学習のモデルを学習させていく手法です。前もって、「特徴を表すデータ」と「答えである目的データ」があることが前提となります。

例えば、特徴を表すデータに「身長」と「体重」が与えられており、答えとなるデータに「性別(男性/女性)」が与えられているとします(図1.1.3)。これらのデータの組み合わせをコンピュータに学習させて予測モデルを作ります。その後、新たなデータとして「身長」と「体重」を予測モデルに与えると「性別」が予測されます。

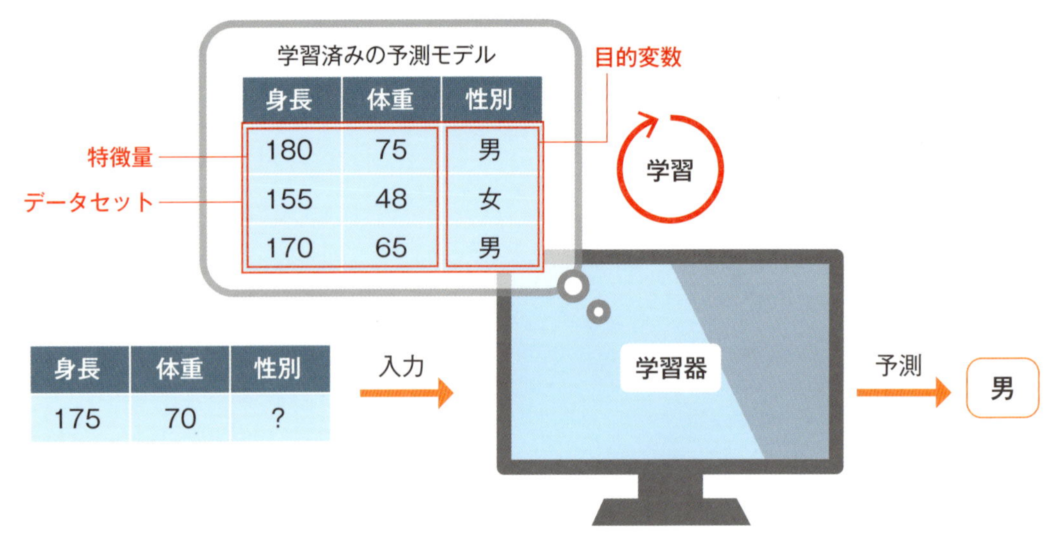

▲図 1.1.3　教師あり分類のイメージ

性別のようなカテゴリを予測する問題を**分類問題**といい、今回の場合は2つのどちらかに分類をしたので**二値分類**といいます。分類問題では2個よりも大きな、例えば10個の属性に分類せよという場合もあります。この場合を**多値分類**と呼びます。このように、答えである変数が連続値ではなく、カテゴリデータの離散値となるのが分類問題です。

また、特徴を表すデータを**特徴量**や**説明変数**といい、答えであるデータを**目的変数**や**ラベル**といいます。

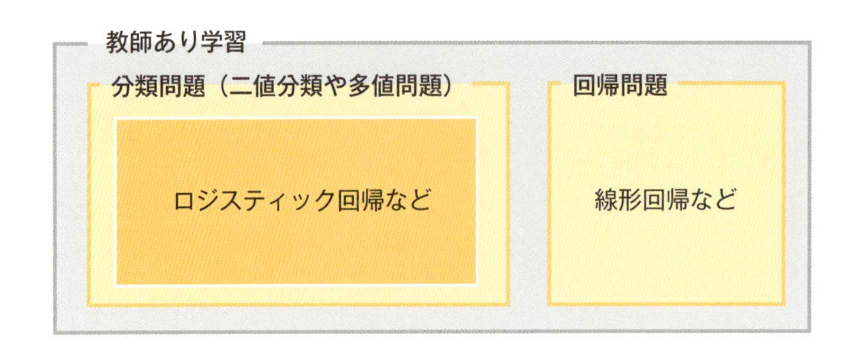

▲図 1.1.4　教師あり学習の分類と回帰の関係

分類問題の身近な例として、迷惑メールフィルターがあります。利用者が迷惑メールの判定を行うことで目的変数としてラベル付けを行い、メールの送信元や文章を特徴量とします。ラベル付けされたデータが多ければ多いほど機械学習の学習が進み、より精度が高い結果を得ることができます。

分類問題以外にも教師あり学習には「回帰問題」と呼ばれるものがあります。回帰問題は大小関係に意味のある数値を予測するものです。例えば、特徴を表すデータに「性別」「身長」が与えられていて、答えであるデータに「足のサイズ」が与えられているとします（図1.1.5）。分類問題で、「男」を0、「女」を1とラベルを数値化することはできますが、その数値の大小関係には意味がありません。それに対し靴のサイズが「26.5cm」と「24cm」は、大小関係に意味があります。このような数値を予測するのが回帰です。回帰問題では、目的変数が連続値として扱われるので、23.7cmなど靴の規定にないようなサイズが予測値になることもありえます。

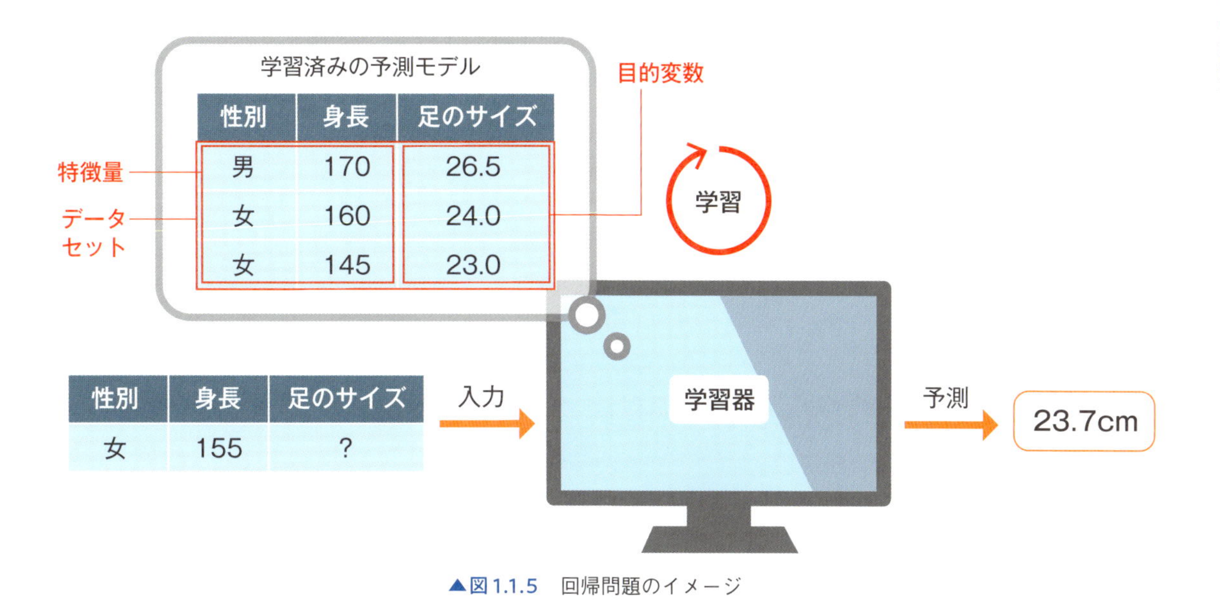

▲図1.1.5　回帰問題のイメージ

本書の第2章で教師あり学習のアルゴリズムの詳細を紹介します。本書で紹介する教師あり学習のアルゴリズムは次の通りです。

図鑑番号	アルゴリズム名	分類	回帰
01	線形回帰	×	○
02	正則化	×	○
03	ロジスティック回帰	○	×
04	サポートベクトルマシン	○	○
05	サポートベクトルマシン（カーネル法）	○	○
06	ナイーブベイズ	○	×
07	ランダムフォレスト	○	○
08	ニューラルネットワーク	○	○
09	kNN	○	○

▲表1.1.1　教師あり学習アルゴリズムと分類及び回帰の適用範囲

教師なし学習

教師あり学習は、特徴量と目的変数（正解）をセットで学習する方法でしたが、教師なし学習では、答えである目的変数（正解）を与えません。

答えを与えずにどのように学習ができるのか疑問に思うかもしれません。教師なし学習では、特徴を表すデータを入力とし、そのデータを変換して別の形式で表現したり、データの中に部分集合を見つけたりすることで、入力データの構造を理解することが主な目的です。また、教師あり学習と比べると、結果の解釈が困難であったり、分析者の経験に基づく主観的な解釈が要求されたりします。教師あり学習では、「目的変数を正しく予測できているか？」という指標があるのに対し、教師なし学習では結果を解釈するために入力データの前提知識がある程度必要だからです。

教師なし学習の例として、ある中学校の生徒の成績を分析する場合を考えましょう。「数学が得意な生徒は、理科も得意。一方、国語と社会は苦手」といった具合に科目ごとに関連性があるとします。

このような入力データに対して、教師なし学習の代表的な手法である主成分分析を利用すると、"第一主成分"と呼ばれるデータを説明するための新たな軸が得られます（主成分分析については、第3章図鑑番号10：PCAで詳しく説明します）。この第一主成分上での座標は、「値が小さいと理系科目が得意、大きいと文系科目が得意」というように解釈でき、表1.1.2のように数学・理科・国語・社会という4つの特徴量を1つの軸で完結に表現することできます。

数学	理科	国語	社会
76	89	30	20
88	92	33	29
52	35	84	89
45	33	90	91
60	65	55	70

→ 主成分分析

第一主成分上の座標
−56.1
−54.3
49.1
56.6
4.6

▲表1.1.2　主成分分析の例

この例では、主成分分析を使うことで結果をわかりやすく解釈できていますが、入力データに応じて、適切なアルゴリズムの選定が必要です。近年では、画像や自然言語処理における教師なし学習の研究が進んでおり、非常に注目が集まっている分野でもあります。ここで紹介した主成分分析は、**次元削減**という手法に分類されます。次元削減は、より少ない特徴量でデータを理解するための手法です。教師なし学習には、**クラスタリング**と呼ばれる分析手法もあります。クラスタリングは、対象のデータをいくつかのクラスタ（似ているデータの集まり）に分類する手法です。多変数データ（3つ以上の変数からなるデータ）を人間がそのまま理解するのは難しいことがありますが、クラスタリングによって、クラスタというシンプルな形で表現することができます。

▲図1.1.6　教師なし学習の次元削除とクラスタリングの関係

本書の第3章で教師なし学習のアルゴリズムの詳細を紹介します。本書で紹介する教師なし学習のアルゴリズムは次の通りです。それぞれの適用可能なタスクも表1.1.3で確認してください。

図鑑番号	アルゴリズム	次元削減	クラスタリング
10	PCA	○	×
11	LSA	○	×
12	NMF	○	×
13	LDA	○	×
14	k-means法	×	○
15	混合ガウスモデル	×	○
16	LLE	○	×
17	t-SNE	○	×

▲表1.1.3　教師なし学習アルゴリズムと次元削減及びクラスタリングの適用範囲

強化学習

強化学習とは、ある環境の中で行動するエージェントが得られる報酬を最大化するように行動して学習していく手法です。なお、強化学習については、本書の範囲外となります。

強化学習を簡単に説明すると、テレビゲーム（環境）では、プレーヤー（エージェント）はゲームポイント（報酬）を得て最終的に勝利しようと、何度も試行錯誤を繰り返します。強化学習は、教師あり学習で目的変数の値が報酬として与えられる場合と考えることもできます。テレビゲームの例でいうと、全ての場面でのあらゆる操作を人手で評価することは、組み合わせが多すぎるため困難です。ここでゲームの場面と操作を特徴量、ゲームポイントを目的変数とすると、プレーヤーが何度もゲームを行うことで、特徴量と目的変数の組を人手に頼らず収集できます。強化学習では、ゲームのプレイとその結果からの学習を繰り返し行うことで、より適切な行動を学習していきます。

機械学習の応用

機械学習はさまざまな分野で応用が進んでいます。例えば、自動車の自動運転分野の研究は有名です。文書の自動分類や自動翻訳など成果が上がっている分野もあります。医療の分野でもレントゲン画像の解析で病気の早期発見などにも役立っています。また古くから気象情報には機械学習的な応用がなされています。

近年、コンピュータが比較的安く多く使えるようになり、機械学習の研究が加速しています。インターネットの発達やIoTなどの活用で豊富なデータが入手できるようにもなりました。

この分野の面白いところは、データに応じて、適切なアルゴリズムを用いることで、まだ見ぬ新たな発見ができるところです。次節以降具体的な機械学習のステップを学び、実際のデータで機械学習ができるようになることを目指します。

1.2 機械学習に必要なステップ

機械学習とは実際にどのようなことを行っているのでしょうか。この概要を知ることがこの節の目的です。機械学習のアルゴリズムを学ぶ上で重要な処理の流れの理解と、機械学習の基本的な概念をここで学びます。

データの重要性

機械学習で学習を行うには、ある程度まとまったデータが必要となります。データを元に決められた法則で学習をすることで、予測や推論などを行えるようになります。

データがなければ機械学習を行うことができません。つまりデータ集めが最初の作業となります。

この節では、機械学習で学習をする一連の流れを説明します。わかりやすいように、サンプルデータを元に解説を進めます。ここでは、入手しやすく自由に使えるサンプルデータとして、機械学習ライブラリの定番である**scikit-learnパッケージ**に同梱されている物を用います。

コラム データ集め・データ前処理が重要

実際に機械学習を用いて課題を解決するには、データ集めを行う必要があります。アンケートをとったり、データを購入したりする場合もあります。さらに、集まったデータに人手で正解ラベルを割り振ったり、機械学習をしやすい形式に加工したり、不要なデータを削除したり、別の情報源からのデータを加えたりという作業が必要になります。平均や分散など統計的にデータを確認したり、各種グラフなどを用いて可視化して、データの大枠をとらえることも重要です。さらには、データの正規化が必要な場合もあります。

これらをデータの前処理といいます。機械学習業務の80%以上の時間をデータの前処理に費やしている、とも言われています。

コラム scikit-learnパッケージ

scikit-learn（サイキットラーン）とは、機械学習ライブラリで、機械学習を行うためのツールが揃っています。

BSD licenseで公開されていますので、誰もが無料で自由に使用できます。なお、執筆時点（2019年3月）での最新バージョンは 0.20.3です。多くの教師あり学習や教師なし学習のアルゴリズムが実装されており、評価用のツールや便利関数、サンプルのデータセットなどが入ったツールキットとなっています。機械学習の分野ではデファクトスタンダードなツールで、一貫性のある操作手法を持ち、Pythonでの扱いやすさも同時に備わっています。Python環境のセットアップやscikit-learnのインストールは、第5章を参照ください。

データと学習の種類

データがなければ機械学習はできないと述べました。具体的にどのようなデータが必要となるのでしょうか？

機械学習には、二次元的な広がりを持つ、表形式のようなデータが必要です（課題解決の目的によって例外があります）。Excelでいうところの列に、データが持つ特徴を表す複数の情報を持ちます。行に、データセットとなる複数の情報を持ちます。より具体的に示すと、学校のとあるチームに4人の生徒がいるとして、生徒それぞれに、氏名、身長、体重、生年月日、性別の情報がある場合、以下のような表形式のデータとなります。

氏名	身長	体重	生年月日	性別
木村 太郎	165	60	1995-10-02	男性
鈴木 花子	150	45	1996-01-20	女性
佐藤 次郎	170	70	1995-05-29	男性
山本 良子	160	50	1995-08-14	女性

▲表1.2.1　生徒の表形式データ

ここで、機械学習を用いて性別を予測することを考えます。

性別を予測するので、性別列の男性または女性というデータが予測を行う対象です。本書では、予測を行う対象になるデータを**目的変数**と呼びます。ただし、分類の場合は**ラベル**や**クラスラベルデータ**という言葉が用いられる場合もあります。英語ではtargetといいます。

性別を除く4つの列(氏名、身長、体重、生年月日)は、予測を行う元となるデータです。本書では、予測を行う元となるデータを**特徴量**と呼びますが、場面によっては**説明変数**、**入力変数**とも呼びます。英語ではfeatureといいます。

サンプルデータの確認

scikit-learnパッケージに同梱されているサンプルデータを見てみましょう。ここでは、アヤメ（iris）のデータの一部を表示しています。Pythonでデータ加工を行うpandasというツールがあります。scikit-learnと並んで多くの場面で利用されています。pandasを使ったデータの加工方法は、本節の「pandasを使ったデータの理解と加工」（P.030）を参考にしてください。

ここでは、データの概要を出力しています。

▼サンプルコード

```
import pandas as pd
from sklearn.datasets import load_iris

data = load_iris()
X = pd.DataFrame(data.data, columns=data.feature_names)
y = pd.DataFrame(data.target, columns=["Species"])
df = pd.concat([X, y], axis=1)
df.head()
```

	sepal length (cm)	sepal width (cm)	petal length (cm)	petal width (cm)	Species
0	5.1	3.5	1.4	0.2	0
1	4.9	3.0	1.4	0.2	0
2	4.7	3.2	1.3	0.2	0
3	4.6	3.1	1.5	0.2	0
4	5.0	3.6	1.4	0.2	0

▲表1.2.2　アヤメのデータの一部

列方向に、「sepal length (cm)」、「sepal width (cm)」、「petal length (cm)」、「petal width (cm)」、「Species」の5つの情報があります。それぞれ日本語に訳すと、アヤメの「ガクの長さ」、「ガクの幅」、「花びらの長さ」、「花びらの幅」、「品種」となっています。最初の4列が、特徴を表す特徴量となっており、最後の列の「品種」が目的変数となります。このデータでは、目的変数は0 / 1 / 2の3種類の数値で表現されています。

本書ではscikit-learnを説明に用いてサンプルコードを示しています。次項からの説明でscikit-learnの概要をつかんでください。ただし、本書ではscikit-learnの網羅的な細かな機能説明は行っていません。scikit-learnの詳細については公式ドキュメント（http://scikit-learn.org/stable/documentation.html）や他の書籍を参照してください。

教師あり学習（分類）の例

ここでは、教師あり学習の分類問題について実装方法のステップを確認していきます。例題と実装方法を順に見ていきましょう。

例題

例題には、アメリカウィスコンシン州の乳がんのデータを用います。このデータには、特徴量が30個あり、目的変数は「良性」か「悪性」となっています。データ数は569個あり、悪性（M）が212個、良性（B）が357個です。つまり、30個の特徴量から、悪性か良性かを判断する二値分類を行うことになります。

データの概要を見てみましょう。

	mean radius	mean texture	mean perimeter	mean area	mean smoothness	mean compactness	mean concavity	mean concave points	mean symmetry	mean fractal dimension
0	17.99	10.38	122.80	1001.0	0.11840	0.27760	0.3001	0.14710	0.2419	0.07871
1	20.57	17.77	132.90	1326.0	0.08474	0.07864	0.0869	0.07017	0.1812	0.05667
2	19.69	21.25	130.00	1203.0	0.10960	0.15990	0.1974	0.12790	0.2069	0.05999
3	11.42	20.38	77.58	386.1	0.14250	0.28390	0.2414	0.10520	0.2597	0.09744
4	20.29	14.34	135.10	1297.0	0.10030	0.13280	0.1980	0.10430	0.1809	0.05883

...	worst texture	worst perimeter	worst area	worst smoothness	worst compactness	worst concavity	worst concave points	worst symmetry	worst fractal dimension
...	25.38	17.33	184.60	2019.0	0.1622	0.6656	0.7119	0.2654	0.4601
...	24.99	23.41	158.80	1956.0	0.1238	0.1866	0.2416	0.1860	0.2750
...	23.57	25.53	152.50	1709.0	0.1444	0.4245	0.4504	0.24300.3613	0.08758
...	14.91	26.50	98.87	567.7	0.2098	0.8663	0.6869	0.25750.6638	0.17300
...	22.54	16.67	152.20	1575.0	0.1374	0.2050	0.4000	0.1625	0.2364

▲表1.2.3　乳がんデータの一部

このデータをscikit-learnパッケージから読み込みます。

▼サンプルコード

```
from sklearn.datasets import load_breast_cancer
data = load_breast_cancer()
```

scikit-learnに同梱されているデータセットを読み込む関数をインポートして、変数dataに読み込んだデータを格納しています。

次に、そのデータセットから、特徴量をXに目的変数をyに代入します。

▼サンプルコード

```
X = data.data
y = data.target
```

Xは複数の特徴量からなるベクトルを並べた行列として扱うので、慣例で大文字の変数名を使用します。yは目的変数のベクトルで、悪性（M）のときに0となり、良性（B）のときに1となる数値で表されています。

Xはサイズ569×30のデータで、これは569行30列の行列とみなすことができます。yはベクトルですが、569行1列の行列とみなすことで、Xとyのそれぞれの行が対応しています。例えば、特徴量Xの10行目には目的変数yの10要素目が対応しています。

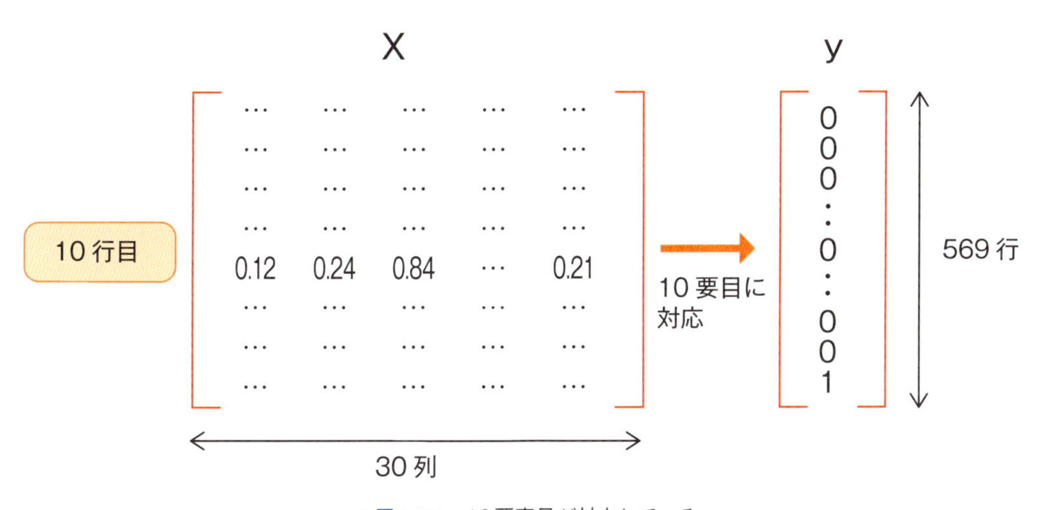

▲図1.2.1　10要素目が対応している

これらデータの詳細を知るには、医学的な知識が必要になりますが、ここではこのデータを単に数値とみなして教師あり学習の二値分類を行います。特徴量は、10項目に分かれており、半径・テクスチャ・面積などが含まれており、それら10項目毎に、平均値、エラー値、最悪値があり、合計30個の特徴量になっています。ここでは、平均値 、エラー値、最悪値の3種類のデータの中から平均値に着目することにします。

平均値									
mean radius	mean texture	mean perimeter	mean area	mean smoothness	mean compactness	mean concavity	mean concave points	mean symmetry	mean fractal dimension

次の行に続く

前の行から

エラー値									
radius error	texture error	perimeter error	area error	smoothness error	compactness error	concavity error	concave points error	symmetry error	fractal dimension error

次の行に続く

前の行から

最悪値									
worst radius	worst texture	worst perimeter	worst area	worst smoothness	worst compactness	worst concavity	worst concave points	worst symmetry	worst fractal dimension

▲図1.2.2　特徴量の種類

▼サンプルコード

```
X = X[:, :10]
```

この操作で、平均値のみを変数Xに代入し直し、特徴量に用いるデータを10軸に絞り込みました。

実装方法

さっそく、アメリカウィスコンシン州の乳がんのデータを元に、二値分類を行う学習済みモデルを作ってみます。ここでは、分類に使えるアルゴリズムであるロジスティック回帰を使います。アルゴリズム名に回帰と入っていますが、分類に用いられます。詳しくは第2章の図鑑番号3：ロジスティック回帰を参照してください。

▼サンプルコード

```
from sklearn.linear_model import LogisticRegression
model = LogisticRegression()
```

注意　scikit-learnではモデルの初期化や学習などの実行時に、ワーニングが出力される場合があります。ワーニングは、FutureWarningという将来的に変更される機能について知らせるものであったり、学習が収束しなかったときに出力されたりするものがあります。本書ではワーニングの出力を記載していませんが、出力された場合は内容を確認し対処してください。

ロジスティック回帰モデルを使うために、scikit-learnのLogisticRegressionクラスをインポートします。次に、LogisticRegressionクラスをインスタンス化し、初期化されたモデルをmodel

に代入しています。

▼サンプルコード

```
model.fit(X, y)
```

model（LogisticRegressionのインスタンス）のfitメソッドを使い学習を行います。引数に、特徴量Xと目的変数yを与えています。

このfitメソッドを用いることで、modelが学習済みモデルになります。

▼サンプルコード

```
y_pred = model.predict(X)
```

学習済みモデルmodelのpredictメソッドで予測します。学習時に使った特徴量Xを使って予測を行い、予測結果を変数y_predに代入しています。

評価方法

分類についての評価方法を紹介します。

まずは、正解率（正解率の詳細は第4章参照）について見てみましょう。正解率を確認するには、scikit-learnのaccuracy_score関数を用います。

▼サンプルコード

```
from sklearn.metrics import accuracy_score
accuracy_score(y, y_pred)
```

```
0.9086115992970123
```

実際の正解データである、目的変数yと、学習済みモデルで予測したy_predの正解率を出力しています。

通常、この検証は、学習に使わないデータを別途用意して確認すべきです。これは、過学習（オーバーフィッティング）と言われる、教師あり学習における重要な問題と関連します。教師あり学習では未知のデータで正確な予測をすることが求められます。しかし、ここでは学習で使ったデータを用いて正解率を出力しました。これは、学習に使われていない未知のデータにおける性能がわからず、本当に良い学習済みモデルができたかわからないことを意味しています。詳細は、第4章の「評価方法と各種データの扱い」で紹介する、モデルの過学習の節を確認してください。

評価方法は、他にも考慮すべき点があります。例えば、正解率だけで結果が正しいことを担保できるでしょうか。データの特性によっては正しく分類できたといえない場合があります。今回利用したデータは、悪性212件、良性357件とある程度バランスがとれたデータとなっています。

一方、良性悪性のバランスが著しく偏っているデータでは、正解率だけでは結果を正しく評価できません。このデータとは別に、30代のがん検診データをサンプルにした場合を考えてみましょう。通常の場合、悪性と診断されるのは数%程度で、多くが腫瘍なしまたは良性となるでしょう。このようなデータではすべてのサンプルについて良性と判断するようなモデルでも正解率が高くなってしまい、正解率だけでは正しく評価ができません。

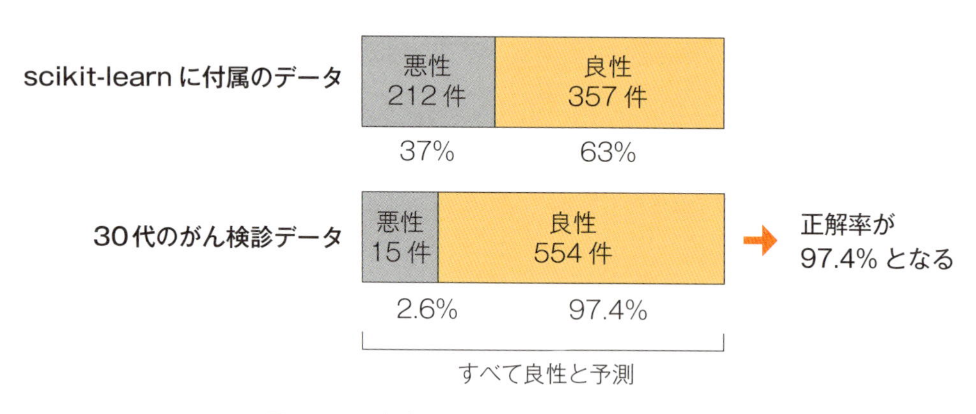

▲図1.2.3　正解率で正しく評価できないイメージ

これらの詳細についても第4章で詳しく紹介します。

教師なし学習（クラスタリング）の例

ここでは、教師なし学習のクラスタリング問題について、実装方法のステップを見ていきます。教師あり学習と同様に、scikit-learnパッケージを用います。

例題

例題に使うデータは、scikit-learnパッケージに同梱されているデータセットの中からワインの種類に関する物です。このデータは13個の特徴量を持ち、目的変数はワインの種類です。今回は、教師なし学習におけるクラスタリングの説明を行いますので、目的変数は使用しません。問題を簡単にするため、13個の特徴量から alcohol（アルコール度数）と color_intensity（色彩の強さ）という2つの特徴量のみを用います。このデータに対してk-means法というアルゴリズムを適用し、3つのクラスタに分割します。

	alcohol	malic_acid	ash	alcalinity_of_ash	magnesium	total_phenols	flavanoids	nonflavanoid_phenols	proanthocyanins	color_intensity	hue	od280/od315_of_diluted_wines	proline
0	14.23	1.71	2.43	15.6	127.0	2.80	3.06	0.28	2.29	5.64	1.04	3.92	1065.0
1	13.20	1.78	2.14	11.2	100.0	2.65	2.76	0.26	1.28	4.38	1.05	3.40	1050.0
2	13.16	2.36	2.67	18.6	101.0	2.80	3.24	0.30	2.81	5.68	1.03	3.17	1185.0
3	14.37	1.95	2.50	16.8	113.0	3.85	3.49	0.24	2.18	7.80	0.86	3.45	1480.0
4	13.24	2.59	2.87	21.0	118.0	2.80	2.69	0.39	1.82	4.32	1.04	2.93	735.0

▲表1.2.4　ワインデータの特徴量

	alcohol	color_intensity
0	14.23	5.64
1	13.20	4.38
2	13.16	5.68
3	14.37	7.80
4	13.24	4.32

▲表1.2.5　今回使用する2つの特徴量

このデータをscikit-learnパッケージを用いて呼び出します。

▼サンプルコード

```
from sklearn.datasets import load_wine
data = load_wine()
```

scikit-learnに同梱されているワインのデータセットを読み込む関数をインポートして、変数dataに読み込んだデータを格納しています。

次に、そのデータセットから、特徴量をalcohol列とcolor_intensity列の2列のみをXに代入します。これは結果表示で2軸のグラフを書くことで結果の可視化を行うためです。

▼サンプルコード

```
X = data.data[:, [0, 9]]
```

特徴量であるXは178行 × 2列のデータです。

実装方法

k-means法を使ってクラスタリングを実行していきます。

▼サンプルコード

```
from sklearn.cluster import KMeans
n_clusters = 3
model = KMeans(n_clusters=n_clusters)
```

k-means法アルゴリズムの実装であるKMeansクラスをインポートして用います。

KMeansクラスを初期化して、変数modelに学習前モデルとして代入しています。ここでは、3つのクラスタに分けることをn_clustersキーワード引数で指示しています。

▼サンプルコード

```
pred = model.fit_predict(X)
```

学習前モデルmodelのfit_predictメソッドに特徴量データを代入して、学習を行うと同時に予測も行っています。学習を行うと同時に予測も行なっています。予測結果は変数predに代入しています。

次にpredに代入したデータがどのようにクラスタリングされているかを確認していきます。

結果の確認

ここでは、可視化により、クラスタリング結果を確認します。

今回は、特徴量が2つなので、2軸のグラフを書くことで結果の可視化を行うことができます。図1.2.4は、クラスタリング結果をグラフで示したものです。各プロットは、一つひとつのワインに対応しており、各ワインがどのクラスタに所属しているかがプロットの色でわかるようになっています。黄色の星は、クラスタの重心と呼ばれるもので、各3つのクラスタの代表点となります。

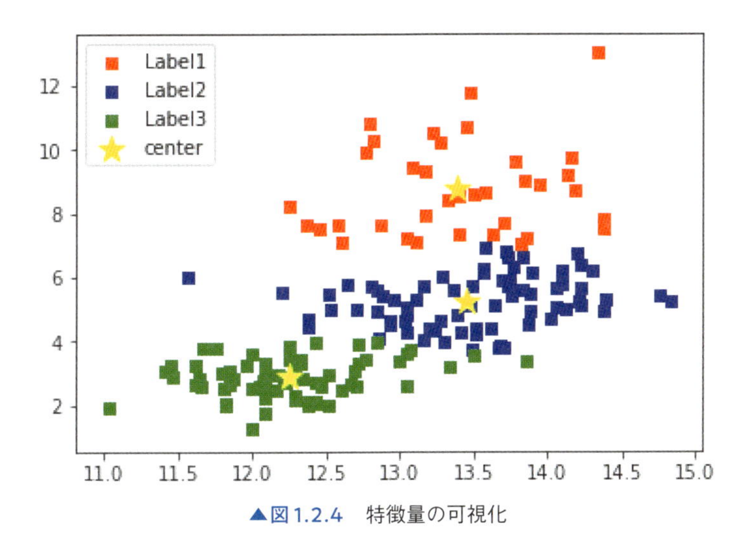

▲図 1.2.4　特徴量の可視化

アルコール度数、色彩の強さという変数で表現されていたワインは、「どのクラスタに所属しているか」という簡潔な表現を得ることができました。また、各クラスタがどのような特徴を持っているかは、代表点である重心の値を調べることでわかります。例えば、クラスタ3は「アルコール度数が低めで、色彩の強さは弱め」といった具合です。

k-means法によるクラスタリングは、「アルコール○%以上はクラスタ1とする」というように、人間があらかじめルールを与えた訳ではなく、アルゴリズムによって自動的にクラスタリングを行っていることが重要です。つまり、ワイン以外のさまざまなデータに汎用的に利用することができます。

教師なし学習の評価方法については、第3章で紹介する各アルゴリズムの中で紹介していますので、それらを参考にしてください。

 可視化

可視化とは、グラフなどを用いてデータの概要や全体像をとらえる方法です。機械学習の分野では、多くの場面で可視化を行います。データの概況を知ったり、機械学習の結果をグラフで確認したりします。

ここでは、Pythonを用いた可視化の方法を学んでいきます。本書では多くのグラフなどの可視化結果が示されています。

ツールの紹介

ここでは、Pythonの可視化ツールとして多くの場面で使われるMatplotlib（https://matplotlib.org/）

を使用します。Matplotlibは多くの可視化機能を備えています。可視化を行うには、表示軸の設定やラベルの設定、配置や配色といったさまざまな設定があり、1つのグラフを見栄えよく表示するには数行のPythonコードを書く必要があります。コード行数が増えてしまい、難しいことをしているように思える場面も多く存在しますが、グラフを出力するという意味での重要な部分はほんの数行です。

Matplotlibで可視化ができるようになるとデータのばらつきや特徴などがとらえやすくなりますので、使い方を覚えていきましょう。

Pythonにおける可視化ツールは、Matplotlibだけではありません。それ以外のツールの名前と概要のみ紹介します。

- **pandas** (http://pandas.pydata.org/)
  配列データを取り扱うライブラリですが、可視化の機能も備えています。
- **seaborn** (http://seaborn.pydata.org/)
  Matplotlibをベースに表現力を強化し、簡単に使えるようになっています。
- **Bokeh** (https://bokeh.pydata.org/en/latest/)
  JavaScriptを用いたダイナミックなグラフが表現できます。

ブラウザ上に表示

データの可視化結果をWebブラウザで簡単に確認できる方法があります。

● Jupyter Notebook

Jupyter Notebook (http://jupyter.org/) は、WebブラウザでPythonなどのプログラムを実行できる環境です (図1.2.5)。

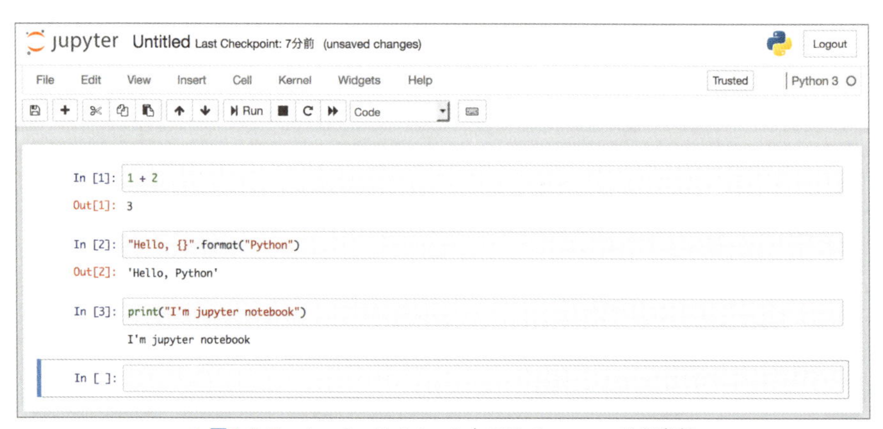

▲図1.2.5　Jupyter Notebook上でPythonコードを実行

例題と実装を順に見ていきましょう。

Jupyter Notebook上で、Pythonの実行や機械学習の実験などを行っていきます。Jupyter Notebookは、Pythonの実行だけではなく、Rやその他の実行環境としても使われています。

インストールや環境設定の方法は、第5章の「環境構築」を確認してください。

・起動方法

Jupyter Notebookのインストールが完了していると、jupyterコマンドが使えるはずです。コマンドプロンプトやターミナルから、jupyter notebookと実行します。

```
$ jupyter notebook
```

コマンドを実行すると自動的にブラウザが開き、実行したカレントディレクトリのファイルやフォルダが一覧化されます（図1.2.6）。Webブラウザ上のセル内にプログラムコードを入力すると、実行結果が表示されます。実行結果はノートブック形式ファイルとして.ipynbの拡張子で保存されます。他の人が作成した.ipynbを自分のPCで開き、セルごとに実行することで、順を追って実行結果を確認できます。また、処理途中の変数を確認したり、条件を変えて再実行することで違った結果を確認することもできます。

さらに、このファイルをGitHubに置くと、実行結果を共有できるだけではなく、GitHub上で実行結果をグラフィカルに表示してくれます。

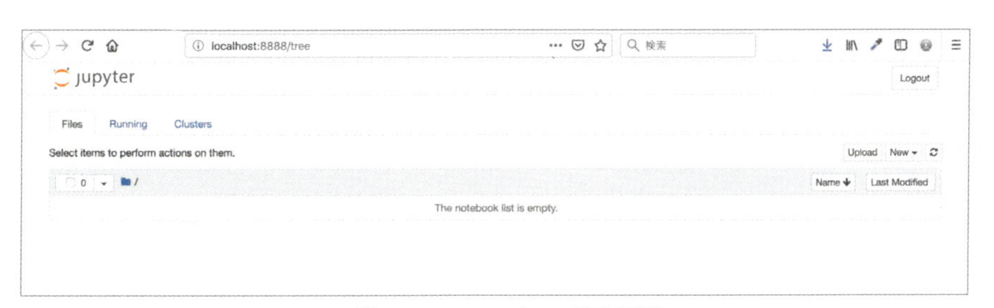

▲図1.2.6　ファイル一覧を表示

・使い方

新規にノートブック形式ファイルを作るには、右上のNewからPython3を選択します（図1.2.7）。

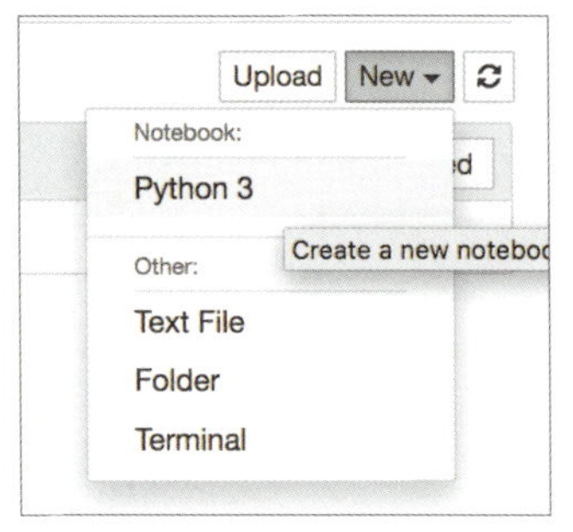

▲図1.2.7　新規ノートブックを作成

Webブラウザで新規にファイルが開きます。

セルと呼ばれる入力フォームに、プログラムコードを記述します。なお、セルには種類があり、CodeやMarkdownといったセルの挙動を決めるプルダウンがあります。デフォルトでCodeが選ばれていますので、実行が可能なセルとして認識されます（図1.2.8）。

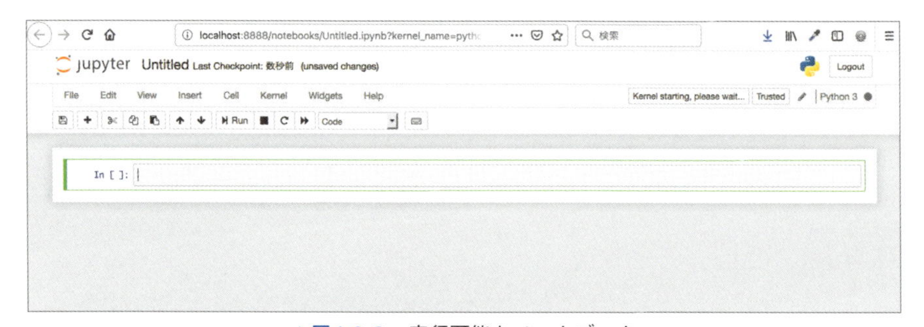

▲図1.2.8　実行可能なノートブック

セルにプログラムコードを入力後、［Enter］キーでセル内改行され、［Ctrl］キー＋［Enter］キーでプログラムコードの実行が行われます。さらに、［Shift］キー＋［Enter］キーで実行して、次のセルへ移動をします。

上部のUntitledというタイトルをクリックすると、ファイルのタイトルが変更できます（図1.2.9）。ここで決めたタイトルに自動的に拡張子.ipynbが付けられたファイルが生成されます。

▲図1.2.9　ノートブックのタイトル変更

現時点での状態を保存するには、メニューからSave and Checkpointを選択し、保存を行います。

ここまで、簡単にJupyter Notebookの使い方を解説しました。もっと多くの便利な使い方が存在します。公式サイトや関連記事、関連書籍も存在しますので詳しく知りたい方はそれらを参照してください。

グラフの種類と書き方：Matplotlibを用いたグラフの表示方法

グラフのインライン表示

Jupyter Notebook内にグラフを表示することができます。Codeセルで、%matplotlib inlineという%から始まるマジックコマンドを実行しておくと、以下で紹介するshowメソッドを実行しなくてもグラフが出力されます（図1.2.10）。

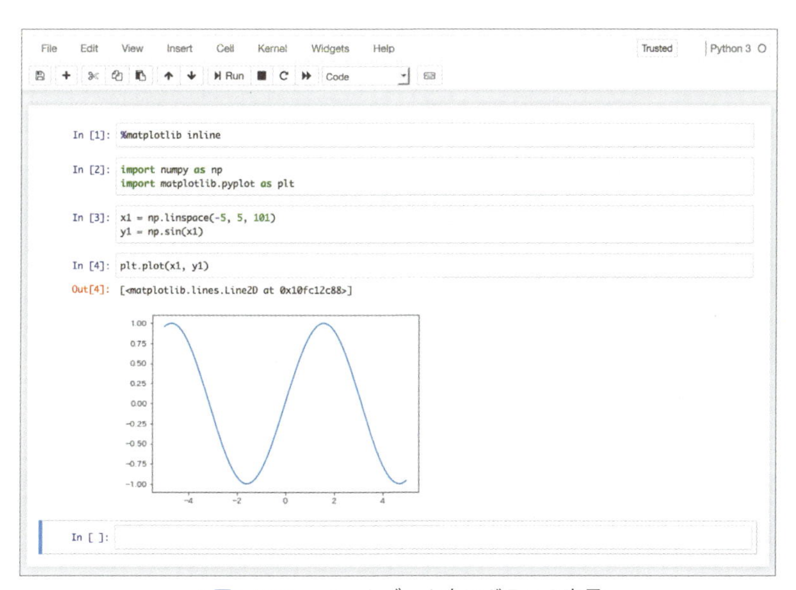

▲図1.2.10　ノートブック内にグラフの表示

図1.2.10のコードをみてみましょう。

▼サンプルコード

```
import numpy as np
import matplotlib.pyplot as plt
```

データ生成のためにnumpyをインポートし、グラフ表示のためにmatplotlibをインポートします。なお、NumPyは配列でデータを扱い、高速に計算を行うためのPythonのサードパーティ製パッケージです。numpyをnp、matplotlibのpyplotをpltで呼び出せるようにする慣例があります。

sinカーブを例にグラフを表示してみます。

▼サンプルコード

```
x1 = np.linspace(-5, 5, 101)
y1 = np.sin(x1)
```

・x1に、sinカーブのために、−5から5までの範囲で101個のデータを生成します
・y1にNumPyのsin関数を用いてデータを生成します

Matplotlibを用いたsinカーブのグラフを表示する例を示します。
最も簡単なグラフ表示の方法は、plt.plot(x1, y1)となります(図1.2.11)。

▼サンプルコード

```
plt.plot(x1, y1)
```

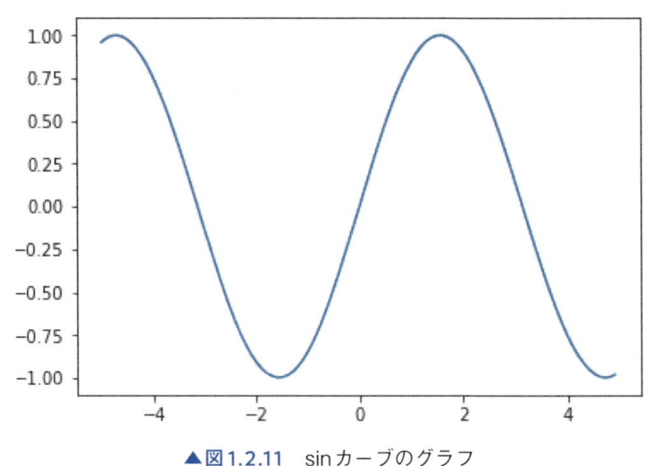

▲図1.2.11　sinカーブのグラフ

次に、Matplotlibでグラフを書く際の標準的な方法を示します。上記は簡易的にplt.plotとしました。この方法は出力する対象を明確にせず、「ここに出力して」、という乱暴な方法です。厳密には、プロットさせるオブジェクトを作ってからグラフを出力すべきです。その方法を次に示します(図1.2.12)。

▼サンプルコード

```
fig, ax = plt.subplots()
ax.set_title("Sin")
ax.set_xlabel("rad")
ax.plot(x1, y1)
handles, labels = ax.get_legend_handles_labels()
ax.legend(handles, labels)
plt.show()
```

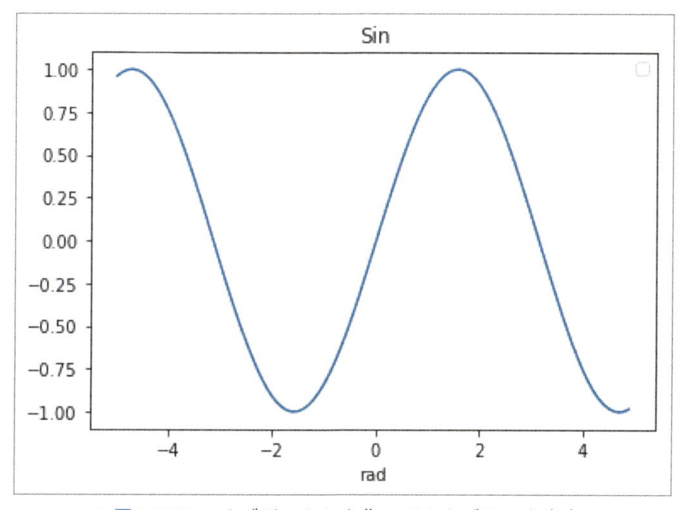

▲図1.2.12　オブジェクトを作ってからグラフを出力

ここでは、ラベル表示や軸名の表示などを行っていますので、6行のコードになっていますが、グラフを表示している主たるコードは、ax.plot(x1, y1) となります。こちらの方法で記述するのが好まれていますが、簡単なグラフを出力するときは、plt.plot(x1, y1) という形式が用いられます。plt.plot とする簡易的な方法と、ax.plot とするオブジェクト指向で厳密に宣言する2つの方法があるということは覚えておいてください。最後に、plt.show()を実行しています。マジックコマンド%matplotlib inlineを実行していればあえてshowを呼び出す必要はありません。ここでは、Jupyter Notebook外で実行したときにもグラフが出力できるようにあえて記述しています。どちらでもグラフは出力されます。

さまざまなグラフを書く

最初にグラフ表示のためのデータを生成します。

▼サンプルコード

```
x2 = np.arange(100)
y2 = x2 * np.random.rand(100)
```

x2に0から99までの整数の配列を代入しました。

y2には0から1の範囲でランダムに抽出された100個の配列を先の変数x2と掛け算した結果を代入しています。

この2つの変数を使ってさまざまなグラフを表現していきます。

ここからは、pltに対してグラフの形式を宣言する簡易的な方法でグラフ出力のサンプルを示します。先に示した、プロットの位置を明示したaxに対しても同様にグラフの出力が可能です。

●散布図

散布図はscatterを使用します。

▼サンプルコード

```
plt.scatter(x2, y2)
```

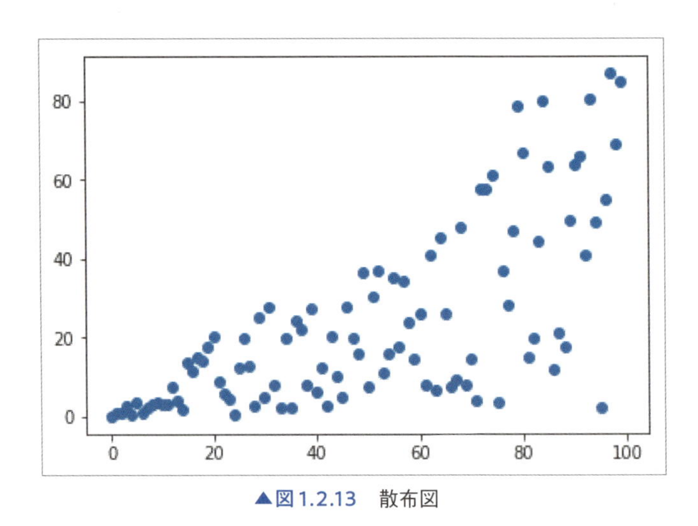

▲図1.2.13　散布図

x2とy2の散布図が出力できました（図1.2.13）。

●ヒストグラム

ヒストグラムはhistを使用します。

▼サンプルコード

```
plt.hist(y2, bins=5)
```

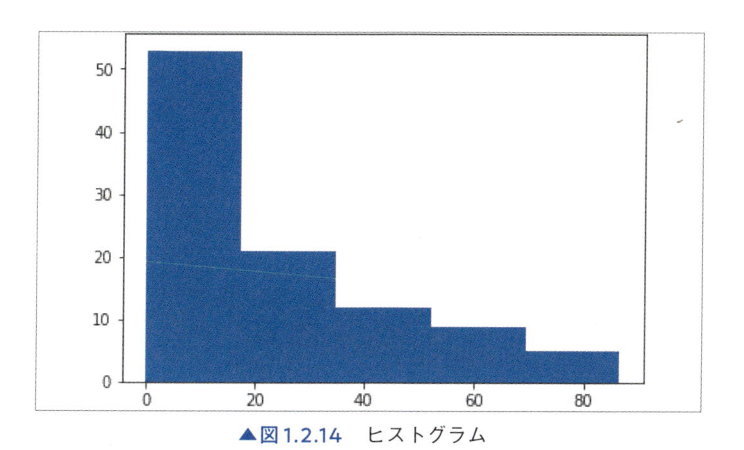

▲図1.2.14　ヒストグラム

y2のヒストグラムのbinを5として出力しました（図1.2.14）。

●棒グラフ

棒グラフはbarを使用します。

▼サンプルコード

```
plt.bar(x2, y2)
```

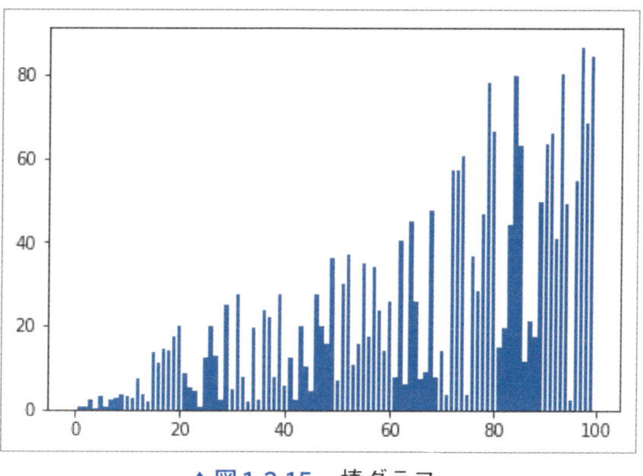

▲図1.2.15　棒グラフ

x2とy2を棒グラフで出力しました（図1.2.15）。

●折れ線グラフ

折れ線グラフはplotを使用します。

▼サンプルコード

```
plt.plot(x2, y2)
```

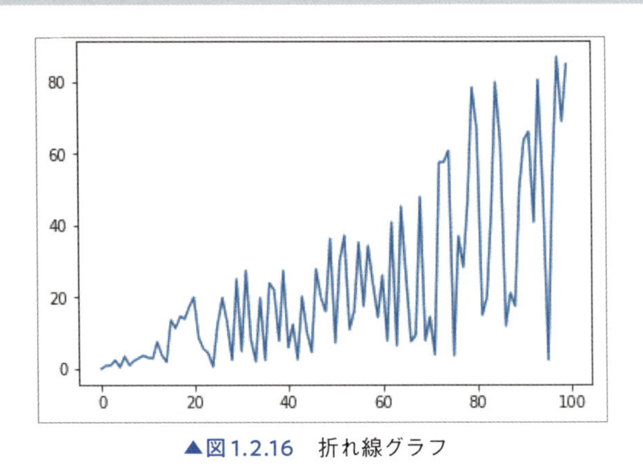

▲図1.2.16　折れ線グラフ

x2とy2を折れ線グラフで出力しました（図1.2.16）。

●箱ひげ図

箱ひげ図は、boxplotを使用します。

▼サンプルコード

```
plt.boxplot(y2)
```

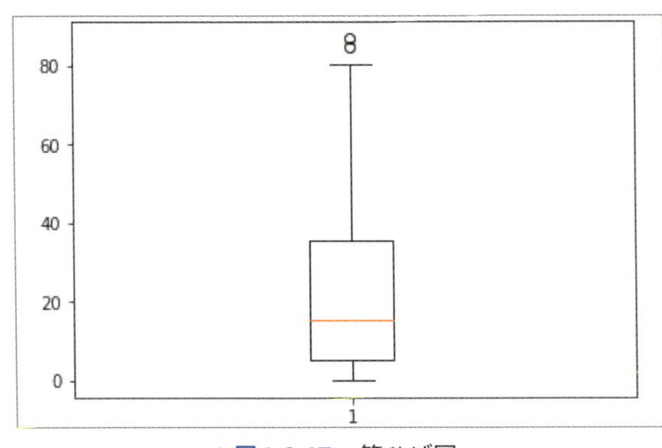

▲図1.2.17　箱ひげ図

y2のデータを箱ひげ図で出力しています（図1.2.17）。箱ひげ図はデータの分布を確認するのに優れた可視化の方法です。

ワインのデータセット

ここでは、scikit-learnに内包されているワインに関するデータを可視化します。

▼サンプルコード

```
from sklearn.datasets import load_wine
data = load_wine()
```

ワインに関するデータをロードして、変数名dataに入れています。

▼サンプルコード

```
x3 = data.data[:, [0]]
y3 = data.data[:, [9]]
```

表示したい、x3にインデックス0のalcohol（アルコール度数）、y3にインデックス9のcolor_intensity（色彩の強さ）を代入しています。

散布図を出力します。

▼サンプルコード

```
plt.scatter(x3, y3)
```

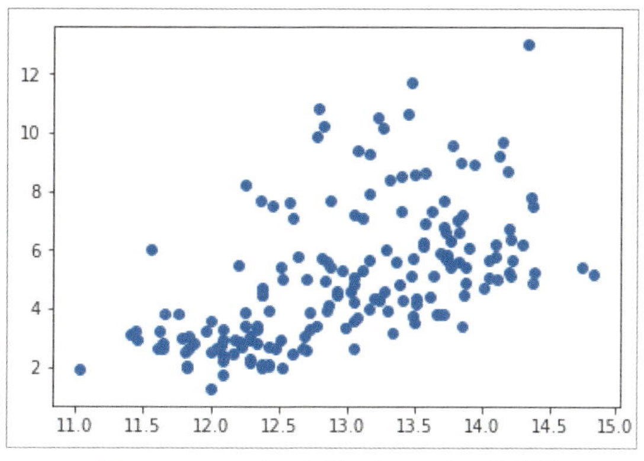

▲図1.2.18　ワインのデータセットの散布図

y3のヒストグラムを出力します（図1.2.19）。

▼サンプルコード

```
plt.hist(y3, bins=5)
```

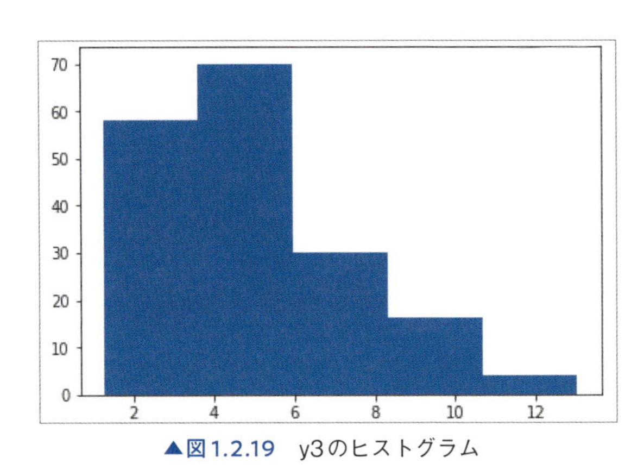

▲図1.2.19　y3のヒストグラム

ワインのデータセットに関する2つのグラフを可視化することで、データの特性を確認しました。

pandasを使ったデータの理解と加工

注意 機械学習を行う上で、特徴量を確認したり、データの取捨選択をしたり、データの再加工を行うことがあります。ここでは、データの概要を知る方法として、pandasを用いたデータ可視化の便利な機能を見ていきます。pandasの基本的な使い方を知っている方や、機械学習のアルゴリズムを先に読みたい方は、この節を読み飛ばして構いません。

ここでは、pandasを用いてデータ可視化の便利な機能を見ていきます。

▼サンプルコード

```
import pandas as pd
```

機械学習用データの整形などに多く用いられるpandasをインポートします。numpyのnpと同様に、慣例でpdで呼び出せるようにします。

▼サンプルコード

```
from sklearn.datasets import load_wine
data = load_wine()
df_X = pd.DataFrame(data.data, columns=data.feature_names)
```

前項と同様にワインデータを、pandasのDataFrameに変換します。

DataFrameは、Excelのシートのような二次元のデータを便利に扱えます。df_Xは、特徴量をDataFrameにしています。

▼サンプルコード

```
df_X.head()
```

	alcohol	malic_acid	ash	alcalinity_of_ash	magnesium	total_phenols	flavanoids	nonflavanoid_phenols	proanthocyanins	color_intensity	hue	od280/od315_of_diluted_wines	proline
0	14.23	1.71	2.43	15.6	127.0	2.80	3.06	0.28	2.29	5.64	1.04	3.92	1065.0
1	13.20	1.78	2.14	11.2	100.0	2.65	2.76	0.26	1.28	4.38	1.05	3.40	1050.0
2	13.16	2.36	2.67	18.6	101.0	2.80	3.24	0.30	2.81	5.68	1.03	3.17	1185.0
3	14.37	1.95	2.50	16.8	113.0	3.85	3.49	0.24	2.18	7.80	0.86	3.45	1480.0
4	13.24	2.59	2.87	21.0	118.0	2.80	2.69	0.39	1.82	4.32	1.04	2.93	735.0

▲表1.2.6　ワインデータ

ここでは、headメソッドを呼び出し、先頭から5行分を出力しています。どのようなデータが入っているかの確認などに使われます。

次に、ワインデータの目的変数をpandasのDataFrameに変換していきます。

▼サンプルコード

```
df_y = pd.DataFrame(data.target, columns=["kind(target)"])
```

変換したデータを確認します。先ほどと同様にheadメソッドを呼び出します。

▼サンプルコード

```
df_y.head()
```

	kind(target)
0	0
1	0
2	0
3	0
4	0

▲表1.2.7　ワインデータの目的変数

df_yが目的変数となるべくデータになっていることが確認できました。

これらのデータを連結させて使いやすくします。pandasのconcatを用いて、特徴量df_Xと目的変数df_yを連結しています。

▼サンプルコード

```
df = pd.concat([df_X, df_y], axis=1)
```

データの先頭を出力してみましょう。

▼サンプルコード

```
df.head()
```

	alcohol	malic_acid	ash	alcalinity_of_ash	magnesium	total_phenols	flavanoids	nonflavanoid_phenols	proanthocyanins	color_intensity	hue	od280/od315_of_diluted_wines	proline	kind (target)
0	14.23	1.71	2.43	15.6	127.0	2.80	3.06	0.28	2.29	5.64	1.04	3.92	1065.0	0
1	13.20	1.78	2.14	11.2	100.0	2.65	2.76	0.26	1.28	4.38	1.05	3.40	1050.0	0
2	13.16	2.36	2.67	18.6	101.0	2.80	3.24	0.30	2.81	5.68	1.03	3.17	1185.0	0
3	14.37	1.95	2.50	16.8	113.0	3.85	3.49	0.24	2.18	7.80	0.86	3.45	1480.0	0
4	13.24	2.59	2.87	21.0	118.0	2.80	2.69	0.39	1.82	4.32	1.04	2.93	735.0	0

▲表1.2.8　ワインデータの特徴量と目的変数

連結した結果の先頭5行を、headメソッドを使って出力しました。このように、特徴量と目的変数を連結したデータができました。

ここからは、グラフ化や数値データの見方を確認していきます。

▼サンプルコード

```
plt.hist(df.loc[:, "alcohol"])
```

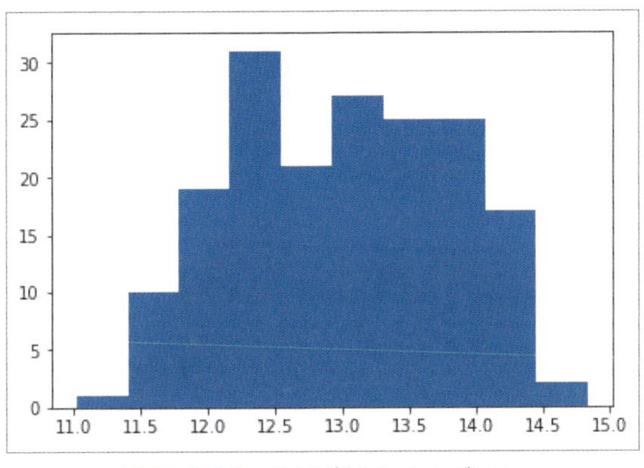

▲図1.2.20　10分割のヒストグラム

alcohol列のデータをヒストグラムとして出力しています（図1.2.20）。ここでは、binsキーワード引数を指定していないので、デフォルト値10が使われ、10分割のヒストグラムが出力されています。

▼サンプルコード

```
plt.boxplot(df.loc[:, "alcohol"])
```

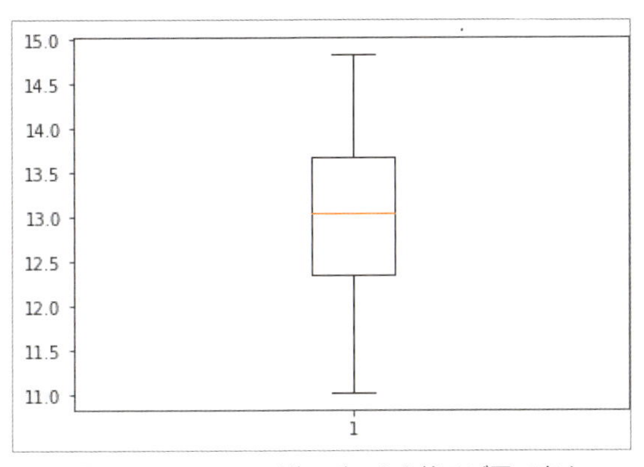

▲図1.2.21　alcohol列のデータを箱ひげ図で表す

同様にalcohol列のデータを箱ひげ図で表しています（図1.2.21）。

ここからは、pandasの集計機能を使っていきます。

▼サンプルコード

```
df.corr()
```

	alcohol	malic_acid	ash	alcalinity_of_ash	magnesium	total_phenols	flavanoids	nonflavanoid_phenols	proanthocyanins	color_intensity	hue	od280/od315_of_diluted_wines	proline	kind(target)
alcohol	1.000000	0.094397	0.211545	-0.310235	0.270798	0.289101	0.236815	-0.155929	0.136698	0.546364	-0.071747	0.072343	0.643720	-0.328222
malic_acid	0.094397	1.000000	0.164045	0.288500	-0.054575	-0.335167	-0.411007	0.292977	-0.220746	0.248985	-0.561296	-0.368710	-0.192011	0.437776
ash	0.211545	0.164045	1.000000	0.443367	0.286587	0.128980	0.115077	0.186230	0.009652	0.258887	-0.074667	0.003911	0.223626	-0.049643
alcalinity_of_ash	-0.310235	0.288500	0.443367	1.000000	-0.083333	-0.321113	-0.351370	0.361922	-0.197327	0.018732	-0.273955	-0.276769	-0.440597	0.517859
magnesium	0.270798	-0.054575	0.286587	-0.083333	1.000000	0.214401	0.195784	-0.256294	0.236441	0.199950	0.055398	0.066004	0.393351	-0.209179
total_phenols	0.289101	-0.335167	0.128980	-0.321113	0.214401	1.000000	0.864564	-0.449935	0.612413	-0.055136	0.433681	0.699949	0.498115	-0.719163
flavanoids	0.236815	-0.411007	0.115077	-0.351370	0.195784	0.864564	1.000000	-0.537900	0.652692	-0.172379	0.543479	0.787194	0.494193	-0.847498
nonflavanoid_phenols	-0.155929	0.292977	0.186230	0.361922	-0.256294	-0.449935	-0.537900	1.000000	-0.365845	0.139057	-0.262640	-0.503270	-0.311385	0.489109
proanthocyanins	0.136698	-0.220746	0.009652	-0.197327	0.236441	0.612413	0.652692	-0.365845	1.000000	-0.025250	0.295544	0.519067	0.330417	-0.499130
color_intensity 0.546364	0.248985	0.258887	0.018732	0.199950	-0.055136	-0.172379	0.139057	-0.025250	1.000000	-0.521813	-0.428815	0.316100	0.265668	
hue	-0.071747	-0.561296	-0.074667	-0.273955	0.055398	0.433681	0.543479	-0.262640	0.295544	-0.521813	1.000000	0.565468	0.236183	-0.617369
od280/od315_of_diluted_wines	0.072343	-0.368710	0.003911	-0.276769	0.066004	0.699949	0.787194	-0.503270	0.519067	-0.428815	0.565468	1.000000	0.312761	-0.788230
proline	0.643720	-0.192011	0.223626	-0.440597	0.393351	0.498115	0.494193	-0.311385	0.330417	0.316100	0.236183	0.312761	1.000000	-0.633717
kind(target)	-0.328222	0.437776	-0.049643	0.517859	-0.209179	-0.719163	-0.847498	0.489109	-0.499130	0.265668	-0.617369	-0.788230	-0.633717	1.000000

▲表1.2.9　相関係数

corrメソッドを使い相関係数をまとめて計算し出力しています。相関係数ですので、1に近づくほど正の相関関係があり、-1に近づくほど負の相関関係があることを示しています。つまり、0周辺の場合は、データ列同士の相関が低いことがわかります。

もう1つデータの概要を見る方法を紹介します。

▼サンプルコード

```
df.describe()
```

	alcohol	malic_acid	ash	alcalinity_of_ash	-magnesium	total_phenols	flavanoids	nonflavanoid_phenols	proanthocyanins	color_intensity	hue	od280/od315_of_diluted_wines	proline	kind(target)
count	178.000000	178.000000	178.000000	178.000000	178.000000	178.000000	178.000000	178.000000	178.000000	178.000000	178.000000	178.000000	178.000000	178.000000
mean	13.000618	2.336348	2.366517	19.494944	99.741573	2.295112	2.029270	0.361854	1.590899	5.058090	0.957449	2.611685	746.893258	0.938202
std	0.811827	1.117146	0.274344	3.339564	14.282484	0.625851	0.998859	0.124453	0.572359	2.318286	0.228572	0.709990	314.907474	0.775035
min	11.030000	0.740000	1.360000	10.600000	70.000000	0.980000	0.340000	0.130000	0.410000	1.280000	0.480000	1.270000	278.000000	0.000000
25%	12.362500	1.602500	2.210000	17.200000	88.000000	1.742500	1.205000	0.270000	1.250000	3.220000	0.782500	1.937500	500.500000	0.000000
50%	13.050000	1.865000	2.360000	19.500000	98.000000	2.355000	2.135000	0.340000	1.555000	4.690000	0.965000	2.780000	673.500000	1.000000
75%	13.677500	3.082500	2.557500	21.500000	107.000000	2.800000	2.875000	0.437500	1.950000	6.200000	1.120000	3.170000	985.000000	2.000000
max	14.830000	5.800000	3.230000	30.000000	162.000000	3.880000	5.080000	0.660000	3.580000	13.000000	1.710000	4.000000	1680.000000	2.000000

▲表1.2.10　統計情報

describeメソッドで列ごとに統計情報を出力できます。出力される統計情報は、上から件数、平均値、標準偏差、最低値、25パーセンタイル、中央値、75パーセンタイル、最大値となります。列ごとに、どのような特性のデータが入っているか、欠損がないかなどを統計情報から見ることができます。

次に、pandasの機能を用いて、各列の関係をすべて可視化します（図1.2.22）。

scatter_matrixを用いて、散布図行列を出力します。ここでは、14列すべてを出力しています。

▼サンプルコード

```
from pandas.plotting import scatter_matrix
_ = scatter_matrix(df, figsize=(15, 15))
```

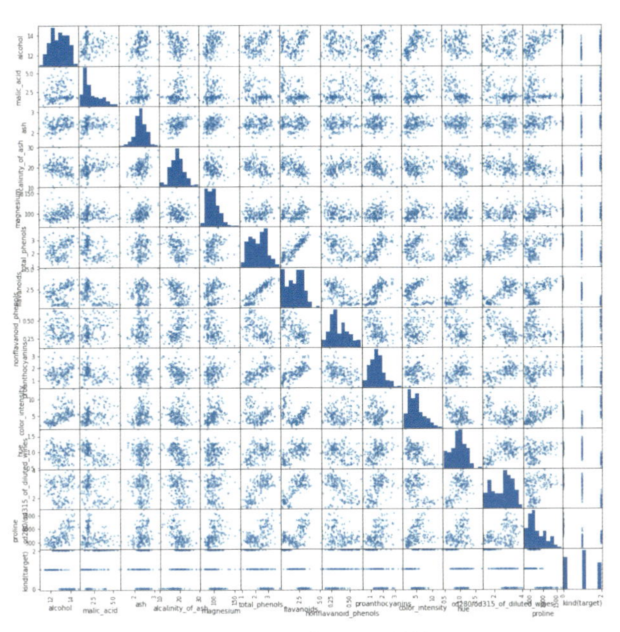

▲図1.2.22　各列の関係性

次に、列を限定して一部の関連性だけを確認します。

▼サンプルコード

```
_ = scatter_matrix(df.iloc[:, [0, 9, -1]])
```

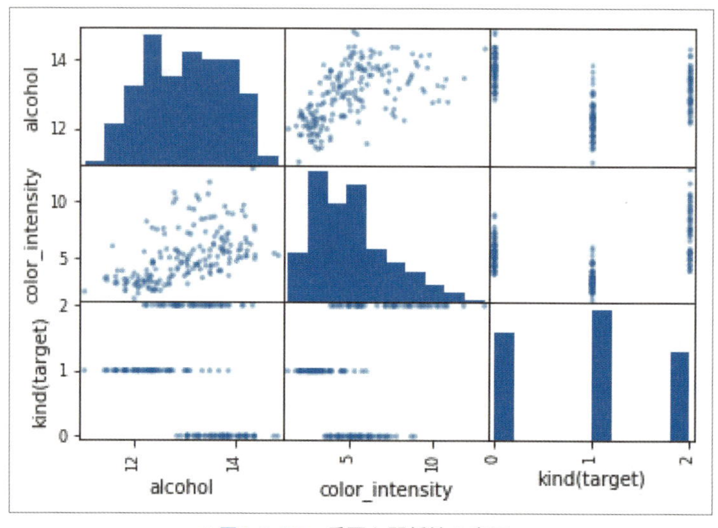

▲図1.2.23　重要な関係性の表示

すべての散布図行列から、インデックス0と9と最終列を出力しました（図1.2.23）。このように、散布図行列の出力列を少なくすることで、細かく状況を見つけ出すことが可能です。

この章のまとめ

前半で、機械学習の基礎的な内容を紹介しました。教師あり学習や教師なし学習という手法があり、分類問題や回帰問題、次元削減やクラスタリングに対応するアルゴリズムがあることを紹介しました。

後半では、機械学習ライブラリscikit-learnの紹介をし、機械学習の例として、教師あり学習（分類）と教師なし学習（クラスタリング）の実装例を学びました。最後に、可視化ツールであるMatplotlibを使ったグラフ表示の方法を確認しました。

ここまでで、事前準備は終了です。次の章から機械学習アルゴリズムについて学んでいきます。

第2章

教師あり学習

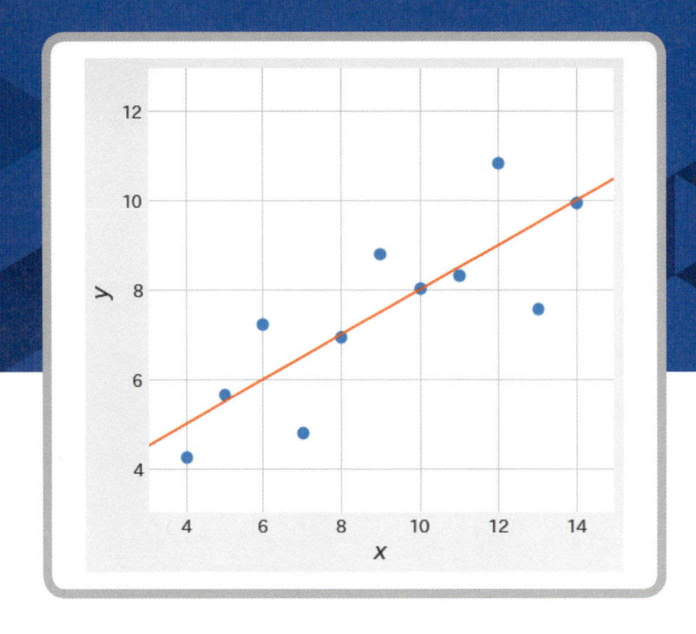

01 線形回帰

線形回帰（Linear Regression）は回帰問題の予測を行うアルゴリズムです。基本的でわかりやすいアルゴリズムですが、損失を最小化するパラメータを学習データから計算することは、教師あり学習に共通した枠組みとなっています。

概要

線形回帰は、「ある説明変数が大きくなるにつれて、目的変数も大きく（または小さく）なっていく」という関係性をモデル化する手法です。例として、表2.1.1のような説明変数xと目的変数yの組み合わせを考えてみます。このデータを元に、線形回帰によるモデル化を行うと、図2.1.1のような直線が得られます。

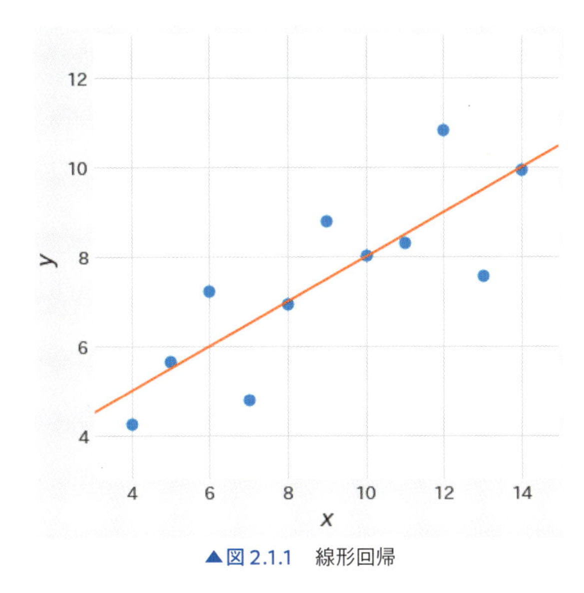

▲図 2.1.1 線形回帰

i	X	y
0	10.0	8.04
1	8.0	6.95
2	13.0	7.58
3	9.0	8.81
4	11.0	8.33
5	14.0	9.96
6	6.0	7.24
7	4.0	4.26
8	12.0	10.84
9	7.0	4.82
10	5.0	5.68

▲表 2.1.1 説明変数xと目的変数yの組み合わせ

図2.1.1の直線は、$y = w_0 + w_1 x$という数式で表すことができます。この式は中学で学ぶ一次関数で、w_1は傾き（または、重み）、w_0はy軸との切片に相当します。傾きw_1や切片w_0は、教師あり学習のアルゴリズムによって学習されるパラメータであることから、学習パラメータとも呼ばれます。線形回帰において、学習パラメータをどのような方法で求めるかは、次の「アルゴリズム」で説明します。

また、線形回帰は、一般に1つ以上の説明変数を使ってモデルを作りますが、特に独立な説明変数が1つの場合を単回帰といいます。

アルゴリズム

$y = w_0 + w_1 x$という直線は、異なる2点が与えられれば、w_1、w_0を一意に求めることができます。しかし、線形回帰では、一直線上にないデータ点から学習パラメータを求める必要があります。学習パラメータの求め方を、表2.1.2のようなデータを使って説明します。

i	x	y
0	2	1
1	3	5
2	6	3
3	7	7

▲表 2.1.2 線形回帰に利用するデータ

図2.1.2 (a)、(b) は、表2.1.2のデータに対して、異なる直線を引いたものです。それぞれ (a) $y=0.706x+0.823$、(b) $y=-0.125x+4.5$ となっています。2つの直線は、どちらがデータの関係性をうまく表しているでしょうか。これは、平均二乗誤差を利用することで、定量的に判断をすることができます。平均二乗誤差とは、目的変数と直線の差 $y_i-(w_0+w_1x_i)$ を二乗し、その平均を計算したものです。n個のデータが存在するとき、以下のように表すことができます。

$$\frac{\sum_{i=1}^{n}\{y_i-(w_0+w_1x_i)\}^2}{n}$$

図2.1.2のデータについて、平均二乗誤差を計算すると、(a) は2.89、(b) は5.83となり、(a) のほうが小さい値となっていることから、(b) よりも (a) のほうがデータの関係性をうまく表しています。

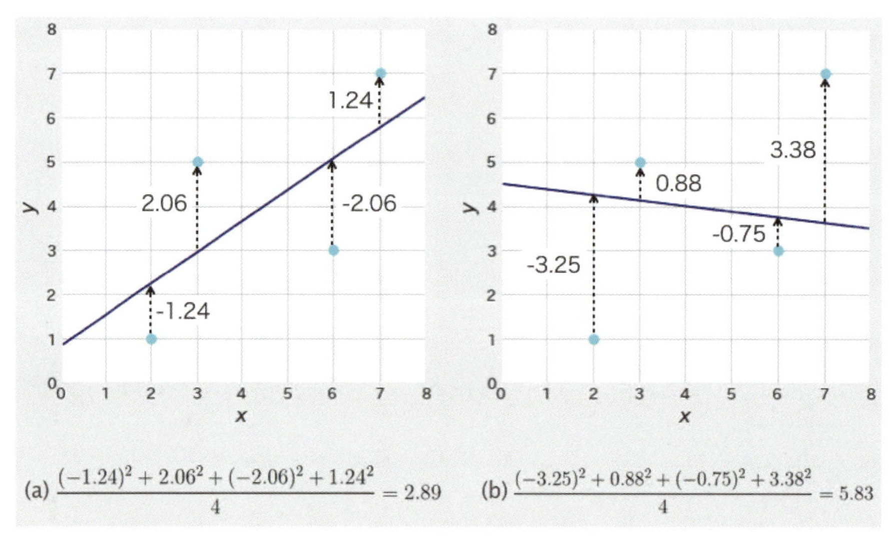

▲図 2.1.2　平均二乗誤差の比較

図2.1.2 (a)、(b) の直線ごとに、平均二乗誤差が異なる値となることがわかりました。

これらの直線の違いは、学習パラメータである w_0, w_1 です。つまり、学習パラメータ w_0, w_1 を変化させることにより、計算される平均二乗誤差も変化します。このように、誤差と学習パラメータとの関係を表した関数を誤差関数（または損失関数）といいます。線形回帰はさまざまな直線のうち、誤差関数の値が最も小さくなるパラメータを求めています（より具体的な計算方法は、後述の「最小二乗誤差の最小化方法」を参照してください）。この「誤差関数を最小化するパラメータを計算して求める」という考え方は、他の教師ありアルゴリズムにも共通して見られるものです。

サンプルコード

冒頭に記した表1のデータで線形回帰を行ってみましょう。LinearRegressionクラスで作成した線形回帰のモデルは、fitメソッドで学習した後、intercept_で切片、coef_で傾きを確認することができます。

▼サンプルコード

```
from sklearn.linear_model import LinearRegression

X = [[10.0], [8.0], [13.0], [9.0], [11.0], [14.0],
     [6.0], [4.0], [12.0], [7.0], [5.0]]
y = [8.04, 6.95, 7.58, 8.81, 8.33, 9.96,
     7.24, 4.26, 10.84, 4.82, 5.68]
model = LinearRegression()
model.fit(X, y)
print(model.intercept_)  # 切片
print(model.coef_)  # 傾き
y_pred = model.predict([[0], [1]])
print(y_pred) # x=0, x=1に対する予測結果
```

```
3.0000909090909094
```

```
[0.50009091]
```

```
[3.00009091 3.50018182]
```

詳細

線形回帰がうまく当てはまらない例

「概要」では、表2.1.1のデータを線形回帰で表すことができましたが、データによっては線形回帰がうまく当てはまらない場合があります。

表2.1.1およびサンプルコードで用いたデータは、フランク・アンスコムという統計学者が作

成したデータセットのひとつです。アンスコムのデータセット（Anscom's quartet）は、表2.1.1を含む4つのデータをまとめたもので、可視化の重要性を示す例として作られました。

図2.1.3は、アンスコムのデータセットとそれぞれに対して線形回帰を行った結果を図示したものです。（I）から（IV）は異なる散布図ですが、線形回帰の学習パラメータ（切片と傾き）が同じになります。また、これらのデータでは平均や分散、相関係数もほとんど同じになっています。

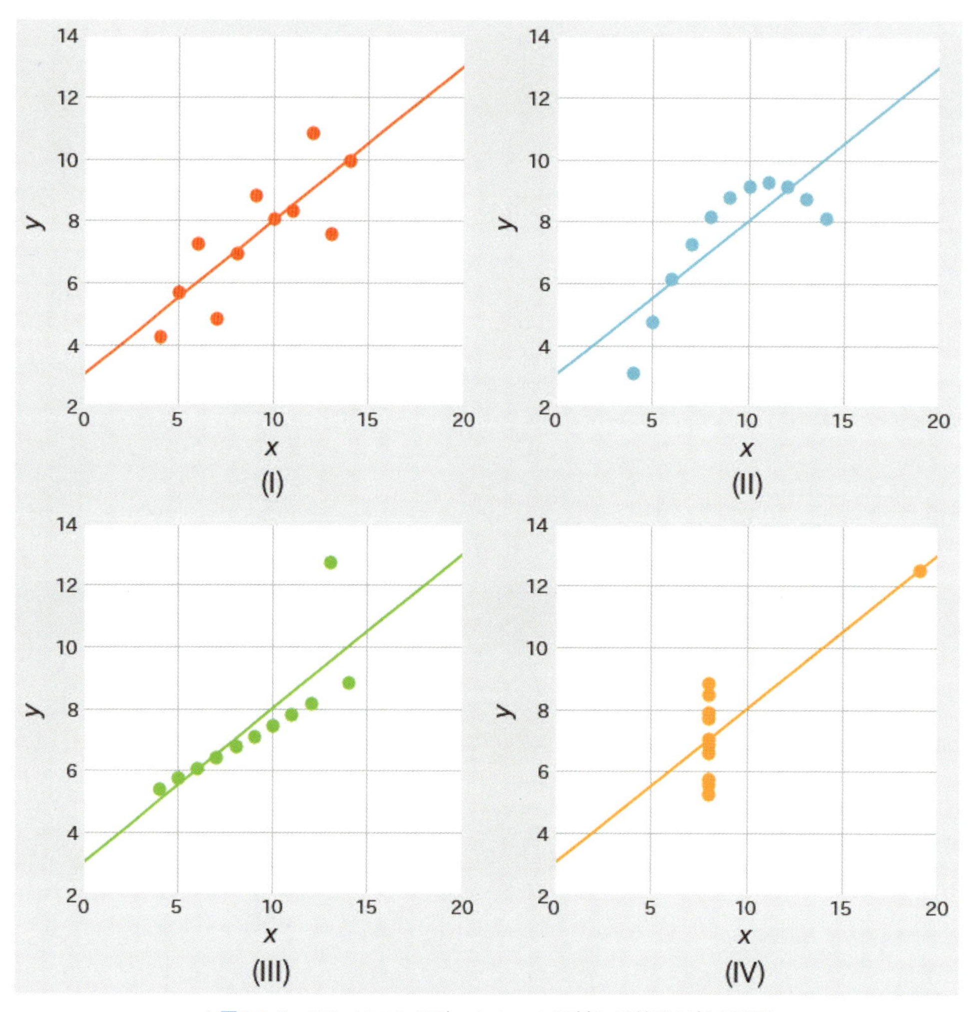

▲図2.1.3　アンスコムのデータセットに対して線形回帰を適用

各データについて詳しく見てみましょう。（II）は曲線的な傾向があります。このような場合に線形性を仮定するのは適当でないでしょう。（III）は外れ値があります。外れ値を除く前処理をするか、外れ値に強い別の手法の適用を考えるべきでしょう。（IV）は2つのデータの間に相関関係がない場合であっても、外れ値があると線形回帰により回帰直線が引けてしまう場合があることの一例になっています。このように、もともと線形に分布していないデータに無理やり線形回帰を行っても良い結果は得られません。データを手に入れたときにはまずは可視化を行い、線形回帰を行うか検討すべきでしょう。

平均二乗誤差の最小化方法

「アルゴリズム」では、異なる学習パラメーターに対する直線の評価として、平均二乗誤差を利用できることを示しました。

しかし、表2.1.3のように学習パラメータによる誤差の大小を比較したものの、具体的な学習パラメータの求め方は説明していませんでした。

本節では、平均二乗誤差を最小化するような学習パラメータの求め方を説明します。

線形回帰	w_0	w_1	平均二乗誤差
(a)	0.823	0.706	2.89
(b)	4.5	−0.125	5.83

▲表 2.1.3　学習パラメータと平均二乗誤差の関係

表2.1.3は、学習パラメータが変化することで、誤差関数である平均二乗誤差も変化することを示しています。つまり、平均二乗誤差は以下のように学習パラメータの関数で表すことができます。

$$L(w_0,\ w_1)=\frac{\sum_{i=1}^{n}\{y_i-(w_0+w_1x_i)\}^2}{n}$$

ここで、目的変数y_iと説明変数x_iに表2のデータを代入すると、平均二乗誤差をw_0, w_1だけで表すことができます。

$$L(w_0,\ w_1)=\frac{\sum_{i=1}^{4}\{y_i-(w_0+w_1x_i)\}^2}{4}=w_0^2+24.5w_1^2+9w_0w_1-8w_0-42w_0+21$$

この数式は、w_0, w_1について二次関数となっており、グラフとして描画すると図2.1.4のようになります。図2.1.4から、w_0, w_1が変化したときに、誤差がさまざまな値をとることがわかります。また、図2.1.4内の星マークは表2.1.3の(a), (b)に対応しています。(a)のときの学習パラメータが、誤差関数が最小値をとるときの学習パラメータに一致しており、データ点を表現するために最適な学習パラメータであることがわかります。

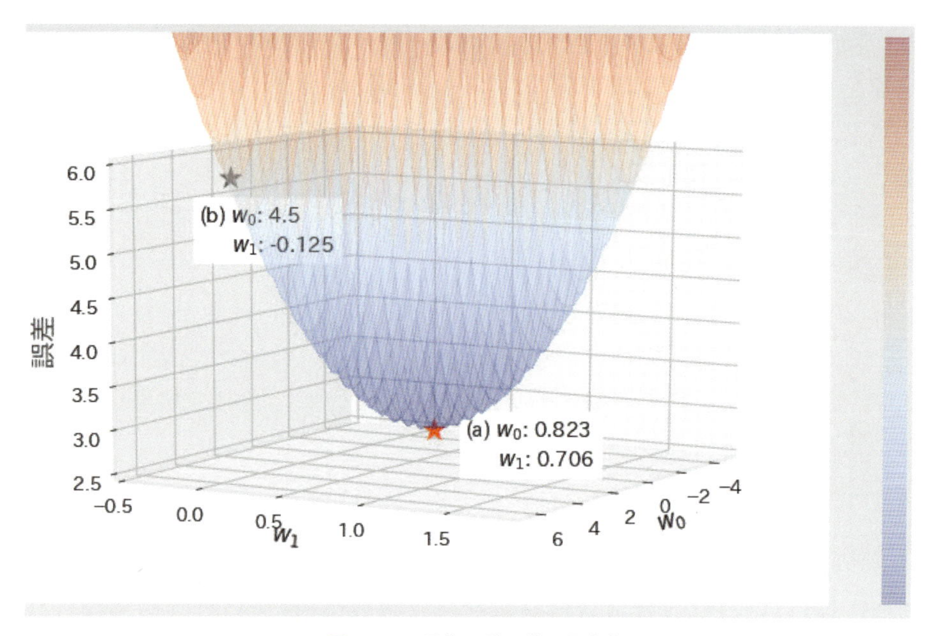

▲図 2.1.4　平均二乗誤差の最小化

さまざまな線形回帰と非線形回帰

本節では、主に単回帰について説明してきました。単回帰は、独立な説明変数が1つの場合の線形回帰でしたが、独立な説明変数が2つ以上あるときの線形回帰を重回帰といいます。また、独立な説明変数は1つですが、x^2, x^3など、説明変数のべき乗で表される線形回帰を多項式回帰といいます。単回帰、重回帰、多項式回帰について、表2.1.4に数式の例を、図2.1.5に対応するグラフを図示しました。多項式回帰は、説明変数x_1に対して線形ではないので、「線形」回帰と呼ぶのは違和感があるかもしれません。

しかし、説明変数ではなく、学習パラメータ（この例では、x_1^2とx_1の係数）に対して線形な回帰のことを線形回帰と呼ぶため、多項式回帰も線形回帰に含まれます。

線形回帰の種類	数式の例
単回帰	$y = w_0 + w_1 x_1$
重回帰	$y = w_0 + w_1 x_1 + w_2 x_2$
多項式回帰	$y = w_0 + w_1 x_1 + w_2 x_1^2$

▲表 2.1.4　さまざまな線形回帰の例

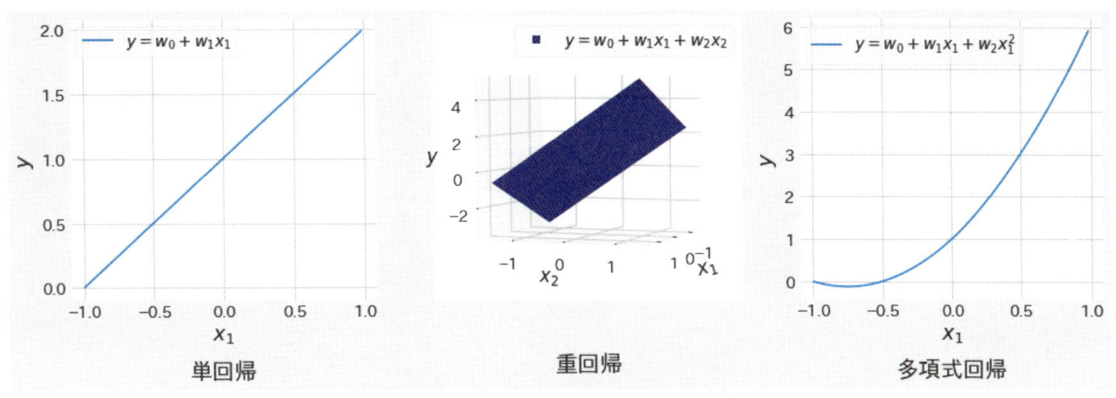

▲図 2.1.5　さまざまな線形回帰の例

ここで、線形回帰ではない回帰、つまり非線形回帰の例についても見てみましょう。図2.1.6は、$y=e^{w_1x_1}$、$y=1/(w_1x_1+1)$について図示したものです。これらは、学習パラメータw_1と目的変数yとの関係が、線形になっていないため、非線形回帰に分類されます。

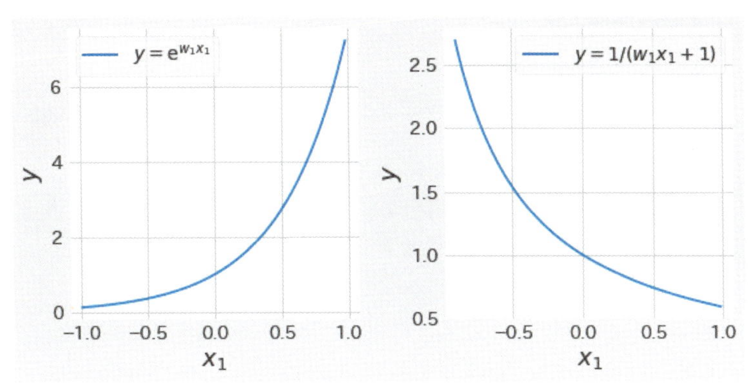

▲図 2.1.6　非線形回帰の例

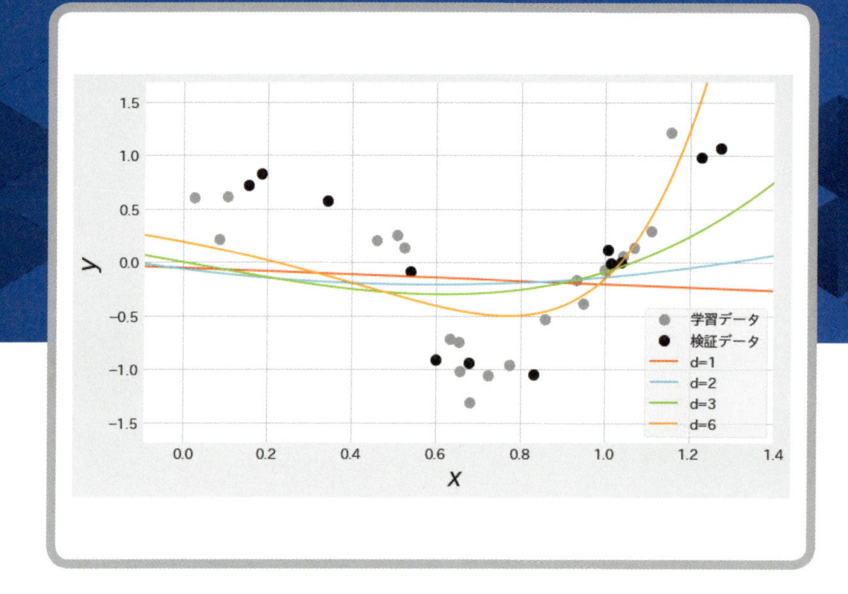

02 正則化

正則化は過学習を防ぐための手法の1つで、線形回帰などのアルゴリズムと共に利用します。損失関数に罰則項を加えることでモデルに制約を与え、汎化性能を高めることが可能です。

 概要

正則化は過学習を防ぐための手法で、機械学習モデルの学習時に利用されます。過学習は、学習データに対する誤差（学習誤差）と比べて、検証データに対する誤差（検証誤差）が非常に大きくなってしまう現象のことです。過学習の原因の1つとして、機械学習モデルが複雑すぎることが挙げられます。正則化はこのモデルの複雑さを緩和し、モデルの汎化性能の向上に役立ちます。

正則化のアルゴリズムについて詳しく学ぶ前に、まずは正則化を利用したモデルが過学習を防ぐ様子をみてみましょう。使用するデータは、図2.2.1中の学習データ（灰色のプロット）と検証データ（黒色のプロット）です。これらは$y = \sin(2\pi x)$という関数に、正規分布に従う乱数を加えて生成したものです。

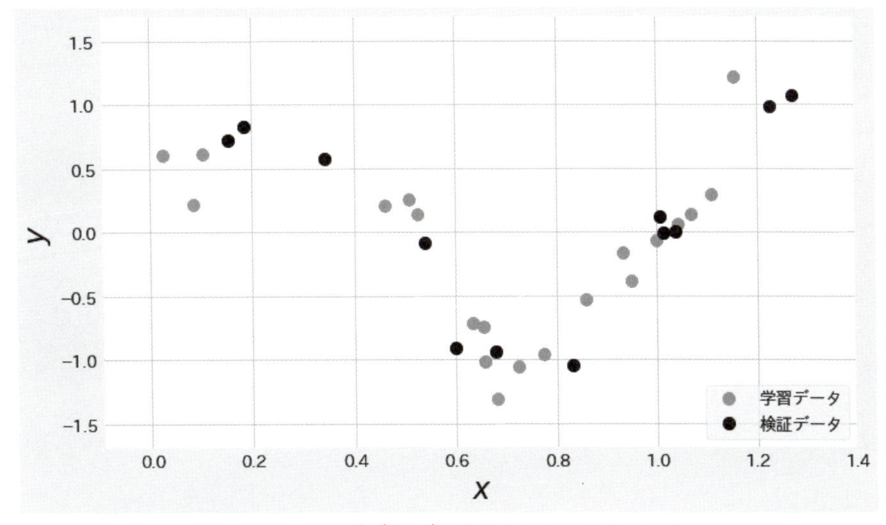

▲図 2.2.1　$y = \sin(2\pi x)$に乱数を加えて生成したデータ

さて、このデータを線形回帰でモデル化することを考えましょう。線形回帰を一次式、二次式……と次数を増やしていくにつれて、学習誤差と検証誤差がどのように変化していくかを調べます。

図2.2.2は、各次数dでの学習結果を可視化したものです。このとき、平均二乗誤差を使用し、誤差を最小化するような学習パラメータw_iを計算しています。一次式の線形回帰は、$y = w_0 + w_1 x$という式なので直線、二次式の線形回帰は$y = w_0 + w_1 x + w_2 x^2$という式なので二次曲線となります。六次式は、$y = w_0 + w_1 x + w_2 x^2 + \ldots + w_6 x^6$という式で、かなり複雑な曲線になっていることがわかります。

また、表2.2.1には、次数ごとの学習誤差と検証誤差を示しました。次数を大きくすると、学習誤差がだんだんと小さくなっていることがわかります。学習誤差だけに注目すると、六次式の誤差が0.024で最も小さいですが、検証誤差は3.472と学習誤差と比べてかなり大きくなっています。六次式の線形回帰は複雑なモデルなので、学習誤差を小さくすることができているのですが、過学習しているため汎化性能の低いモデルとなってしまっています。

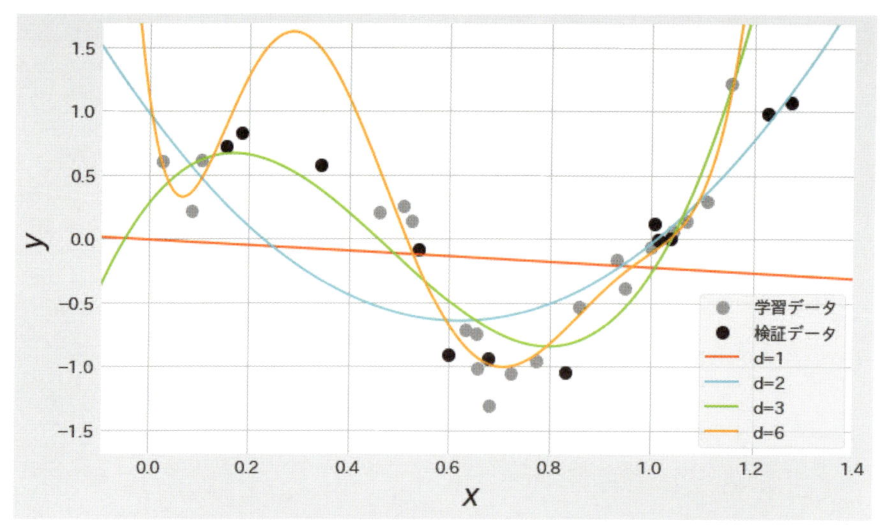

▲図 2.2.2　線形回帰の次数ごとの学習結果。データに対して複雑なモデルは過学習している

次数	学習誤差	検証誤差
1	0.412	0.618
2	0.176	0.193
3	0.081	0.492
...	...	...
6	0.024	3.472

▲表 2.2.1　次数と学習誤差、検証誤差の関係

次に、線形回帰に正則化を利用したときの結果を図2.2.3と表2.2.2に示します。正則化は損失関数に後述の罰則項を加えることで、過学習を防ぐことができます。図2.2.3を見ると、正則化によってモデルの複雑さが抑えられていることがわかります。誤差についても、次数が増えたときの検証誤差が抑えられており、過学習を防げていることが確認できました。

正則化にはさまざまな種類のものが存在しますが、ここまでで説明した回帰モデルはRidge回帰と呼ばれる代表的な手法です。次の「アルゴリズム」では、このRidge回帰がどのように過学習を防ぎ、汎化性能を高めることができるのかを説明します。

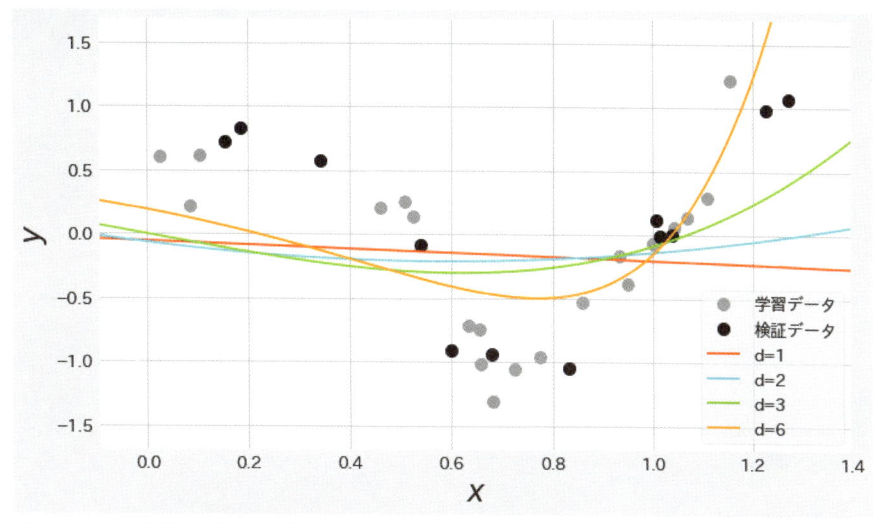

▲図2.2.3　正則化を利用した線形回帰の次数ごとの学習結果。モデルの複雑さが抑えられている

次数	学習誤差	検証誤差
1	0.412	0.612
2	0.372	0.532
3	0.301	0.394
...	...	...
6	0.159	0.331

▲表2.2.2　正則化を利用したときの次数と学習誤差、検証誤差の関係

 アルゴリズム

「概要」では、複雑なモデルが過学習する様子と正則化により過学習を防げることを確認しました。複雑なモデルが過学習してしまう原因として、学習パラメータw_iが極端に大きい（または小さい）値をとってしまうことが挙げられます。表2.2.3は線形回帰の次数ごとの学習パラメータを並べたものです。次数が大きくなるにつれて、値の絶対値が大きくなっています。

一方、表2.2.4は、正則化を利用したときの学習パラメータです。正則化を利用すると、次数が大きくなったときの学習パラメータが抑えられています。

次数	w_0	w_1	w_2	w_3	w_4	w_5	w_6
1	−0.007	−0.217	-	-	-	-	-
2	0.978	−5.222	4.204	-	-	-	-
3	0.281	4.927	−17.639	12.157	-	-	-
...	...	...	...	...	...	...	...
6	1.080	−26.324	287.431	−1034.141	1611.144	−1147.946	308.643

▲表 2.2.3　次数ごとの学習パラメータ

次数	w_0	w_1	w_2	w_3	w_4	w_5	w_6
1	−0.055	−0.149	-	-	-	-	-
2	−0.066	−0.493	0.421	-	-	-	-
3	−0.001	−0.716	−0.042	0.670	-	-	-
...	...	...	...	...	...	...	...
6	0.191	−0.751	−0.497	−0.182	0.109	0.370	0.607

▲表 2.2.4　正則化を利用したときの次数ごとの学習パラメータ

なぜ、正則化で学習パラメータを抑えることができるのでしょうか。これについて、以下のRidge回帰の誤差関数を例に説明します。簡単のため、2次式の線形回帰に正則化を利用した場合を考えます。

$$R(\mathbf{w})=\sum_{i=1}^{n}\{y_i-(w_0+w_1x_i+w_2x_i^2)\}^2+\alpha(w_1^2+w_2^2)$$

右辺の第1項 $\sum_{i=1}^{n}\{y_i-(w_0+w_1x_i+w_2x_i^2)\}^2$ は、線形回帰の損失関数です。

第2項 $\alpha(w_1^2+w_2^2)$ は罰則項（または正則化項）と呼ばれるもので、学習パラメータの2乗和の形をとります。このとき切片は罰則項に含まないのが一般的です。

また、$\alpha(\geq 0)$ は、正則化の強さをコントロールするパラメータで、α が大きいほど学習パラメータが抑えられ、α が小さいほど学習データへの当てはまりが強くなります。

ここで、Ridge回帰の損失関数 $R(\mathbf{w})$ を最小化することを考えます。

右辺の第1項 $\sum_{i=1}^{n}\{y_i-(w_0+w_1x_i+w_2x_i^2)\}^2$ だけに注目すると、学習データ $\mathbf{y}$ との誤差を小さくするような任意の w_0, w_1, w_2 を求める問題になるのですが、右辺第2項の罰則項は学習パラメータの2乗和になっているため、学習パラメータの絶対値が大きいと、損失関数全体が大きくなってしまいます。このように罰則項は、学習パラメータの絶対値が大きくなることに対して、損失が大きくなるような罰則を与える役割を持っており、この役割によって、学習パラメータを抑えることができるようになっています。

サンプルコード

sin関数をRidge回帰でモデル化する際のサンプルコードを示します。六次式を作成するときに、PolynomialFeaturesを利用しています。

▼サンプルコード

```
import numpy as np
from sklearn.preprocessing import PolynomialFeatures
from sklearn.linear_model import Ridge
from sklearn.metrics import mean_squared_error

train_size = 20
test_size = 12
train_X = np.random.uniform(low=0, high=1.2, size=train_size)
test_X = np.random.uniform(low=0.1, high=1.3, size=test_size)
train_y = np.sin(train_X * 2 * np.pi) + np.random.normal(0, 0.2, train_size)
test_y = np.sin(test_X * 2 * np.pi) + np.random.normal(0, 0.2, test_size)

poly = PolynomialFeatures(6)  # 次数は6
train_poly_X = poly.fit_transform(train_X.reshape(train_size, 1))
test_poly_X = poly.fit_transform(test_X.reshape(test_size, 1))

model = Ridge(alpha=1.0)
model.fit(train_poly_X, train_y)
train_pred_y = model.predict(train_poly_X)
test_pred_y = model.predict(test_poly_X)

print(mean_squared_error(train_pred_y, train_y))
print(mean_squared_error(test_pred_y, test_y))
```

```
0.15917213330897523
```

```
0.3313327101623571
```

詳細

αによる正則化の強さのコントロール

正則化の強さをコントロールするハイパーパラメータαについて、詳しく見てみましょう。図2.2.4は、αを変化させたときのモデルを可視化したものです。αを大きくすると、学習パラメータが抑えられ、グラフの形状がシンプルになっているのがわかります。逆に、αを小さくすると、学習パラメータの絶対値が大きくなることに対する罰則が緩くなるため、モデルが複雑になります。また、$\alpha = 0$のときは罰則項が常に0になるため、正則化を利用しない線形回帰と等しくなります。適切なαは、検証誤差を見ながら調整するのが一般的です。

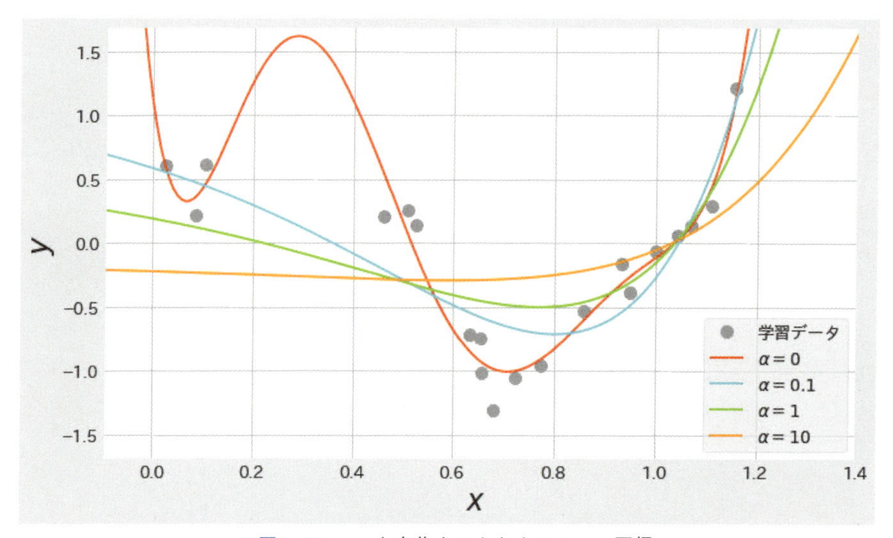

▲図2.2.4　αを変化させたときのRidge回帰

Ridge回帰とLasso回帰

本節では、正則化手法としてRidge回帰を説明してきました。Ridge回帰は、誤差関数の罰則項が学習パラメータの2乗和の形ですが、この罰則項を別の形にすることで、異なる性質の正則化を行うことができます。Ridge回帰以外の代表的な正則化手法として、Lasso回帰と呼ばれるものがあります。Lasso回帰の誤差関数は次のようになります。

$$R(\mathbf{w}) = \sum_{i=1}^{n} \{y_i - (w_0 + w_1 x_i + w_2 x_i^2)\} + \alpha(|w_1| + |w_2|)$$

罰則項が学習パラメータの絶対値の和になっているところが、Ridge回帰とは異なる点です。Ridge回帰とLasso回帰について、学習パラメータが計算される様子をイメージしたのが図2.2.5です。

緑色の線は線形回帰の誤差関数で、青色の線は罰則項に関連した関数です。Ridge回帰は、罰則項が学習パラメータの2乗和なので、図2.2.5の左図のような円になり、Lasso回帰では、罰則項が絶対値の和なので、図2.2.5の右図のような四角形になります。元々の関数（線形回帰の誤差関数）とこれらの関数の接する点が、正則化付きの誤差関数の最適解と一致します。図2.2.5の左図のRidge回帰は、罰則項が入ることにより、学習パラメータが抑えられていることがわかります。また、図2.2.5の右図のLasso回帰では、Ridge回帰と同様に学習パラメータが抑えられていますが、w_2の学習パラメータが0になっています。

このように、Lasso回帰は四角い形状をした関数との接点が計算されるため、学習パラメータが0になりやすいという性質があります。この性質によりパラメータが0となった特徴量を使わずにモデルを構築できるので、Lasso回帰を利用することで特徴量選択を行うことができます。これは汎化性能を高めるだけでなく、モデルを解釈しやすくなるという利点もあります。

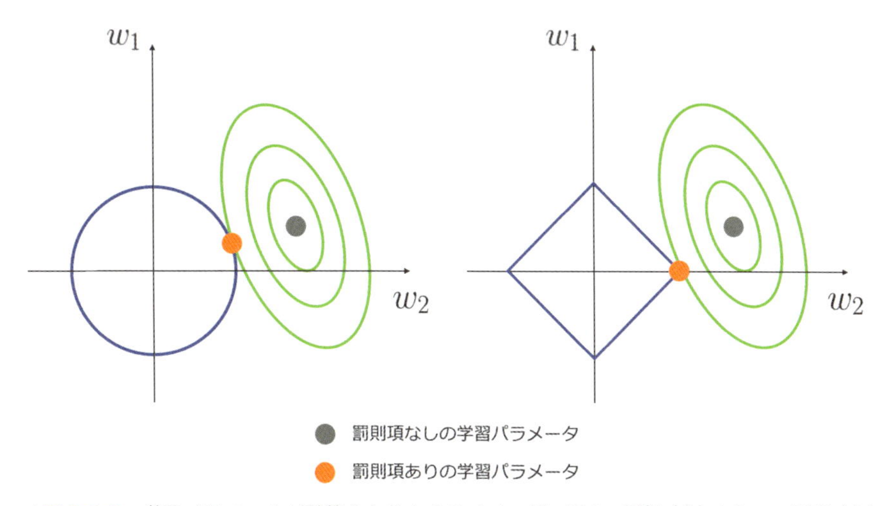

▲図2.2.5　学習パラメータが計算されるときのイメージ。Ridge回帰（左）とLasso回帰（右）

参考文献

C. M. ビショップ（2012）『パターン認識と機械学習 上』元田浩，栗田多喜夫訳，丸善出版

scikit-learn. 1.1. Generalized Linear Model, Retrieved February 21, 2019, from https://scikit-learn.org/stable/modules/linear_model.html

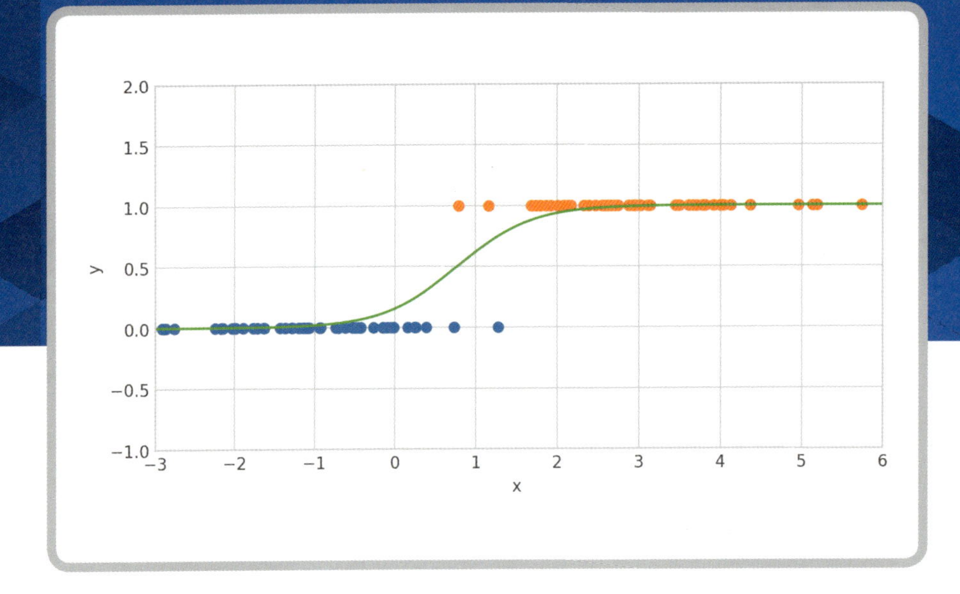

03 ロジスティック回帰

ロジスティック回帰は、教師あり学習の分類タスクに用いられるシンプルなアルゴリズムです。アルゴリズムの名前に「回帰」と入っていますが、実際には分類問題に適用されます。ロジスティック回帰はデータが各クラスに所属する確率を計算することで分類を行います。

概要

ロジスティック回帰は、ある事象が起こる確率を学習するアルゴリズムです。

この確率を利用して、ある事象が起こる/起こらないという二値分類ができます。

ロジスティック回帰自体は、二値分類のアルゴリズムですが、3種類以上の分類問題に利用することもできます。

このアルゴリズムを理解するために、次のような例を考えます。

> あなたは帰宅途中で雪が降ってきたことに気が付きました。もし明日雪が積もるようであれば、靴箱の中から雪の日用のブーツを取り出して準備しなければいけません。今の気温は2℃です。明日、雪が残らず、いつもどおりの靴で外出できる確率はどれくらいでしょうか？

ここでは架空の100日分のデータを使って、いつもどおりの靴で外出できる確率をロジスティック回帰により求めます。気温を横軸xに、雪が残って雪の日用のブーツが必要になる場合を0に、溶け切っていつもどおりの靴で外出できる場合を1に縦軸yとして散布図を描くと図2.3.1のようになります。

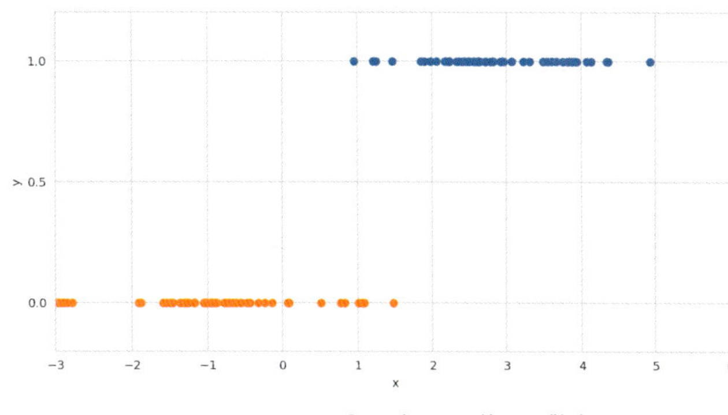

▲図 2.3.1　100日分のデータを使った散布図

ここでロジスティック回帰を用いると、それぞれの気温に対して雪が溶け切っていつもどおりの靴で外出できる確率を図2.3.2の緑の線のように求めることができます。

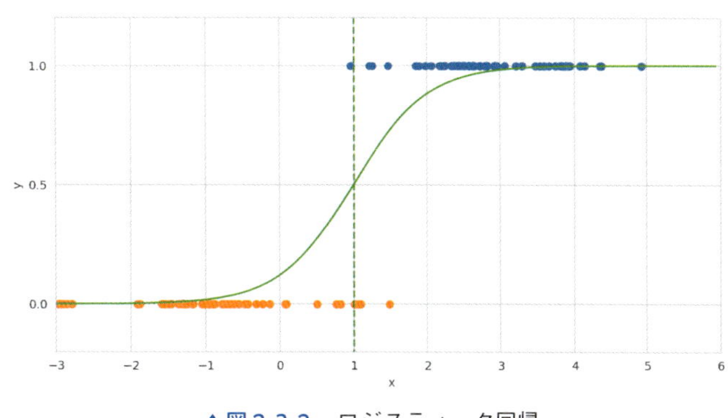

▲図 2.3.2　ロジスティック回帰

具体的に確率を計算してみると0℃で12%、1℃で50%、2℃で88%でした。どうやらいつもどおりの靴で外出できそうです。

アルゴリズム

ロジスティック回帰では前述のように、データ$\mathbf{x}$とそれが属するクラスを表すラベルyから学習を行い、確率を計算します。データ$\mathbf{x}$は特徴量からなるベクトルとして扱います。ラベルは二値分類の場合には上記のように$y=0, 1$と二次元の数値で表現できます。

基本的な考え方は線形回帰同様で、データ$\mathbf{x}$に対して重みベクトル$\mathbf{w}$をかけてバイアスw_0を加え、$\mathbf{w}^T\mathbf{x}+w_0$という量を計算します。重み$\mathbf{w}$とバイアス$w_0$をデータから学習する点も同一です。

線形回帰とは異なり、確率を計算するために、出力の範囲を0以上1以下に制限する必要があります。ロジスティック回帰ではシグモイド関数$\sigma(z)=1/(1+\exp(-z))$を用いることで、0から1の間の数値を返しています。シグモイド関数をグラフに書くと次の図2.3.3のような形状になります。

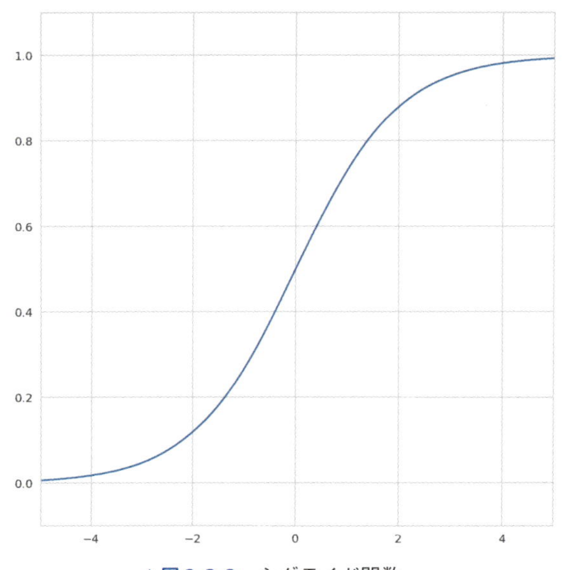

▲図 2.3.3　シグモイド関数

このシグモイド関数$\sigma(z)$を用いて、データ$\mathbf{x}$が与えられたときに、そのラベルがyである確率pを$p=\sigma(\mathbf{w}^T\mathbf{x}+w_0)$で計算します。二値分類の場合、通常は予測確率0.5をしきい値としてクラス分けをします。例えば、確率が0.5より小さいときはyの予測値は0、確率0.5以上のときはyの予測値は1というように分類を行います。問題設定によってはしきい値として0.5より大きな値や小さな値を採用することもあります。

学習では誤差関数としてロジスティック損失を用いてこれを最小化します。ロジスティック損失は他の誤差関数同様に、分類に失敗すると大きな値を取り、分類に成功すると小さな値を取る関数です。誤差回帰で導入した平均二乗誤差とは異なり、ロジスティック損失は最小値を式変形で求めることができませんので、勾配降下法を用いて数値計算により解を求めます。

機械学習では、このように式変形で厳密に求めることができない解を数値計算により近似的に求める手法がよく登場します。

サンプルコード

「概要」と同様のデータを用いて、0℃、1℃、2℃のときに雪が溶け残る確率を計算してみます。データ生成に乱数を用いているため、実行するごとに実行結果は多少異なります。

▼サンプルコード

```
import numpy as np
from sklearn.linear_model import LogisticRegression

X_train = np.r_[np.random.normal(3, 1, size=50),
          np.random.normal(-1, 1, size=50)].reshape((100, -1))
y_train = np.r_[np.ones(50), np.zeros(50)]
model = LogisticRegression()
model.fit(X_train, y_train)
model.predict_proba([[0], [1], [2]])[:, 1]
```

```
array([ 0.12082515,  0.50296844,  0.88167486])
```

0℃、1℃、2℃のときの確率が、それぞれ約0.12、約0.50、約0.88と計算されました。

詳細

決定境界

分類問題において、学習させたモデルに未知データを分類させていくと、あるところを境にして分類結果が切り替わるようになります。分類結果が切り替わる境目を**決定境界**といいます。ロジスティック回帰の場合、決定境界は確率を計算した結果がちょうど50%になる箇所を指します。

平面の場合に決定境界を図示して確認しましょう。図2.3.4はロジスティック回帰を用いて、学習データと決定境界を図示したものです。

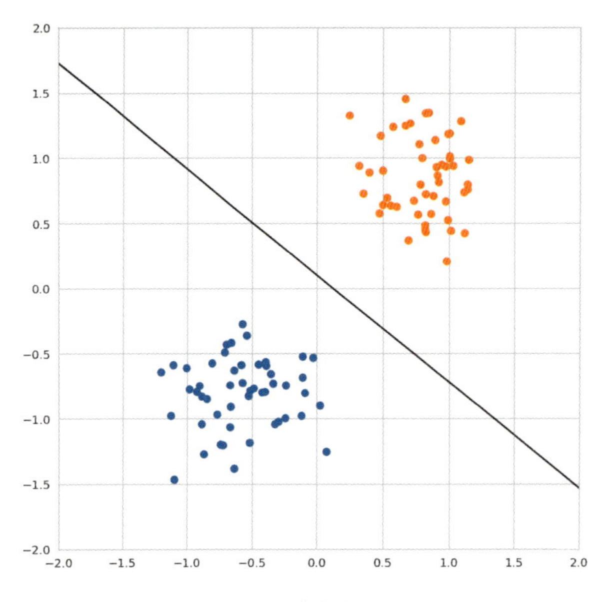

▲図 2.3.4　決定境界を図示

決定境界の形は用いるアルゴリズムにより大きく異なります。平面の場合、ロジスティック回帰の決定境界は直線になります。他のアルゴリズム、例えばkNNやニューラルネットワークでは決定境界はより複雑な形になります。詳細はそれぞれのアルゴリズムの節で説明します。また、他のアルゴリズム、例えばkNNやニューラルネットワークなどでは決定境界はより複雑な形になります。詳細はそれぞれのアルゴリズムの章で説明します。

特徴量の解釈について

ロジスティック回帰では各特徴量の係数を見ることができます。各特徴量の係数の符号を見ることで、それが確率に対して正の影響を与えるのか負の影響を与えているのかわかります。第1章で扱ったアヤメデータのうち、2種類のアヤメ（setosaとversicolor）のみのデータを用いてこのことを確認してみましょう。ロジスティック回帰で学習させた結果の、特徴量ごとの重みを表2.3.11に示します。目的変数としてversicolorを1、setosaを0として用いています。

sepal length	sepal width	petal length	petal width
−0.40731745	−1.46092371	2.24004724	1.00841492

▲表 2.3.1　特徴量ごとの重み

これらの値は特徴量の値が変化したとき、モデルがデータのラベルがversicolorだと分類する確率に与える影響の大きさを示しています。sepal widthとpetal lengthの2つの特徴量を用いて散布図を描き、学習データの分布を確認しましょう。結果を図2.3.5に示します。

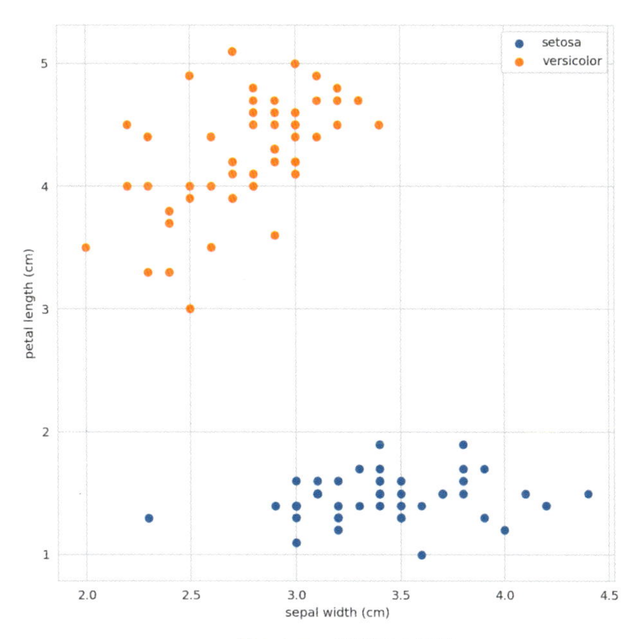

▲図2.3.5　特徴量の解釈

縦軸のpetal lengthの重みは正の値だったため、petal lengthが大きくなると、versicolorである割合が大きくなることが重みからは期待できます。実際、図の上の方ではversicolorの割合が、下の方ではsetosaの割合が大きくなっていることが分かります。

一方、sepal widthは負の値だったため、sepal widthが小さくなるとversicolorである割合が大きくなることが期待できます。こちらも実際に、図の中心よりも左側にversicolor、右側にsetosaが分布していることが分かります。

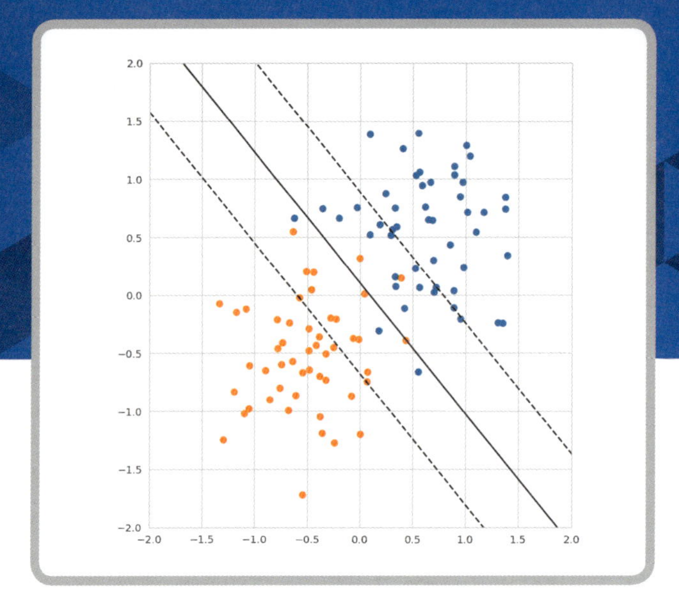

04 サポートベクトルマシン

サポートベクトルマシン（Support Vector Machine, SVM, サポートベクターマシン）は非常に応用範囲が広く、分類と回帰のどちらにも使えるアルゴリズムです。
ここでは線形サポートベクトルマシンを二値分類問題に適用し、マージン最大化という基準で、より「良い」決定境界を得る方法について学びます。

 概要

本節では、線形サポートベクトルマシン（Linear Support Vector Machine）を用いた二値分類について扱います。線形サポートベクトルマシンはマージン最大化という基準を用いて、データからできるだけ離れた決定境界を学習するアルゴリズムです。このアルゴリズムでは、ロジスティック回帰と同様に決定境界は線形になりますが、線形サポートベクトルマシンの方が「良い」結果を得られる場合があります。

同一のデータに対して線形サポートベクトルマシンとロジスティック回帰を適用し、結果を比較してみましょう（図2.4.1）。

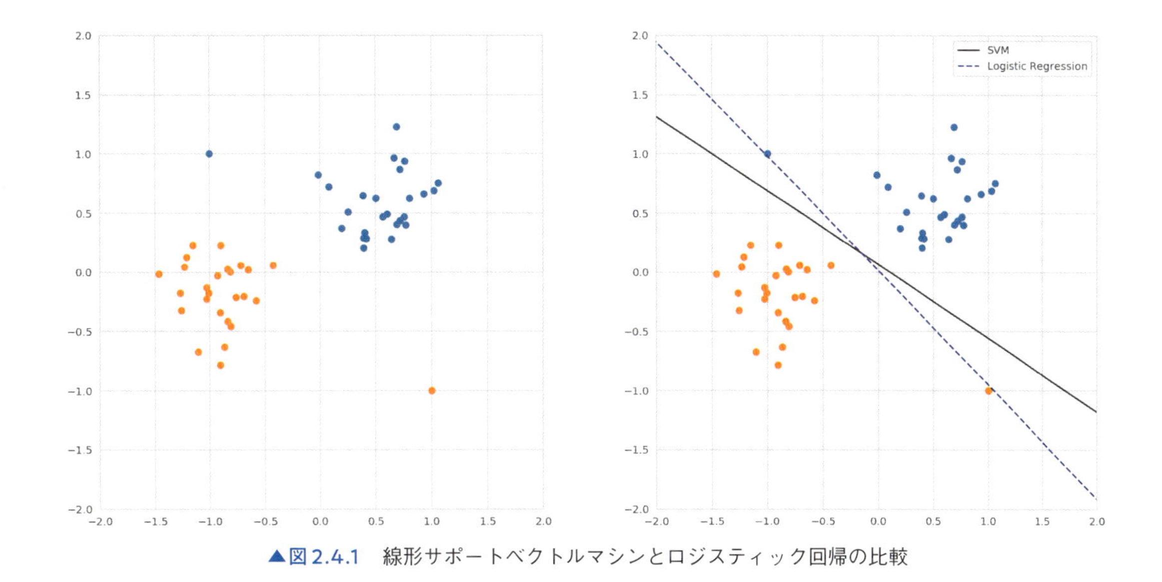

▲図 2.4.1　線形サポートベクトルマシンとロジスティック回帰の比較

左が学習元のデータで、右がデータから学習した結果です。右の図中の黒い直線で記された方が線形サポートベクトルマシンによる決定境界で、青い点線のものがロジスティック回帰（図中ではLogistic Regression表記）によるものです。

線形サポートベクトルマシンでもロジスティック回帰でも正しく分類できていますが、線形サポートベクトルマシンの方が**きれい**に分類できています。

線形サポートベクトルマシンではマージン最大化という基準により、決定境界ができるだけデータから離れるように学習しています。

次の「アルゴリズム」では、線形サポートベクトルマシンがデータからどのように学習しているのかを見ていきます。

 アルゴリズム

線形サポートベクトルマシンではマージンを最大化することで、分類するのに良い決定境界を得ます。まずはマージンの定義について説明します。扱う問題を簡単にするため、平面上での二値分類問題を扱います。また、完全に分類ができるときを想定します。線形サポートベクトルマシンでは平面を線形な決定境界で2つに区切ることで二値分類を行います。このとき、学習データのうち最も決定境界に近いものと決定境界との距離をマージンと呼びます。

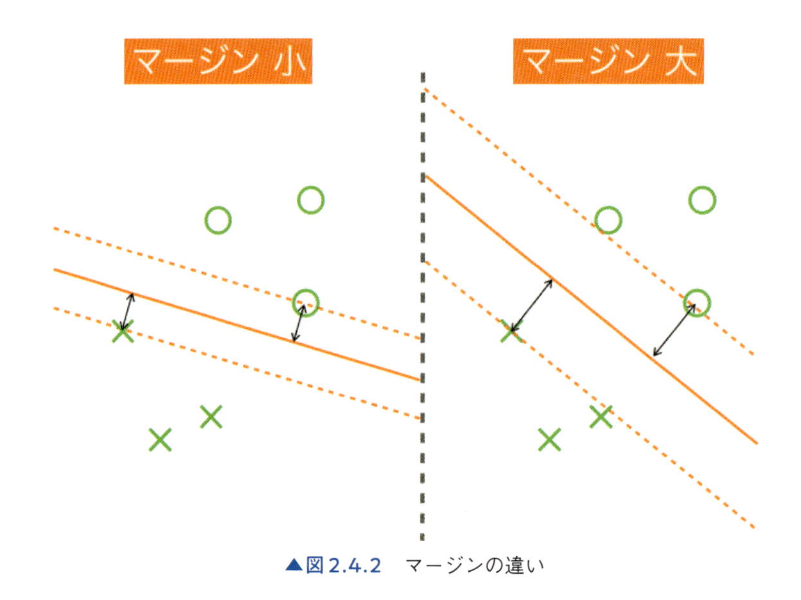

▲図2.4.2 マージンの違い

図2.4.2では、左側よりも右側のマージンが大きくなっています。サポートベクトルマシンでは、決定境界と学習データとの間のマージンを大きくすることで、より妥当な境界を得ようとします。

サンプルコード

ここでは線形分離可能なデータを生成して学習データと検証データに分割し、学習データを用いて線形サポートベクトルマシンを学習させ、検証データで正解率を評価します。なお、乱数を用いているため、結果は多少異なる場合があります。

▼サンプルコード

```
from sklearn.svm import LinearSVC
from sklearn.datasets import make_blobs
from sklearn.model_selection import train_test_split
from sklearn.metrics import accuracy_score

# データ生成
centers = [(-1, -0.125), (0.5, 0.5)]
X, y = make_blobs(n_samples=50, n_features=2,
                  centers=centers, cluster_std=0.3)
X_train, X_test, y_train, y_test = train_test_split(X, y, test_size=0.3)
```

```
model = LinearSVC()
model.fit(X_train, y_train)  # 学習
y_pred = model.predict(X_test)
accuracy_score(y_pred, y_test)  # 評価
```

```
1.0
```

詳細

ソフトマージンとサポートベクトル

ここまではデータが直線で分離できる場合を扱ってきました。このように、マージンの内側にデータが入り込むのを許容しないことを、**ハードマージン**と呼びます。しかし、一般には直線で完全に分類できるとは限らないため、一部のデータがマージンの内側に入ることを許容することがあります。これを**ソフトマージン**と呼びます。ソフトマージンを導入することで、線形分離可能でないデータについても、図2.4.3のように学習が可能になります。

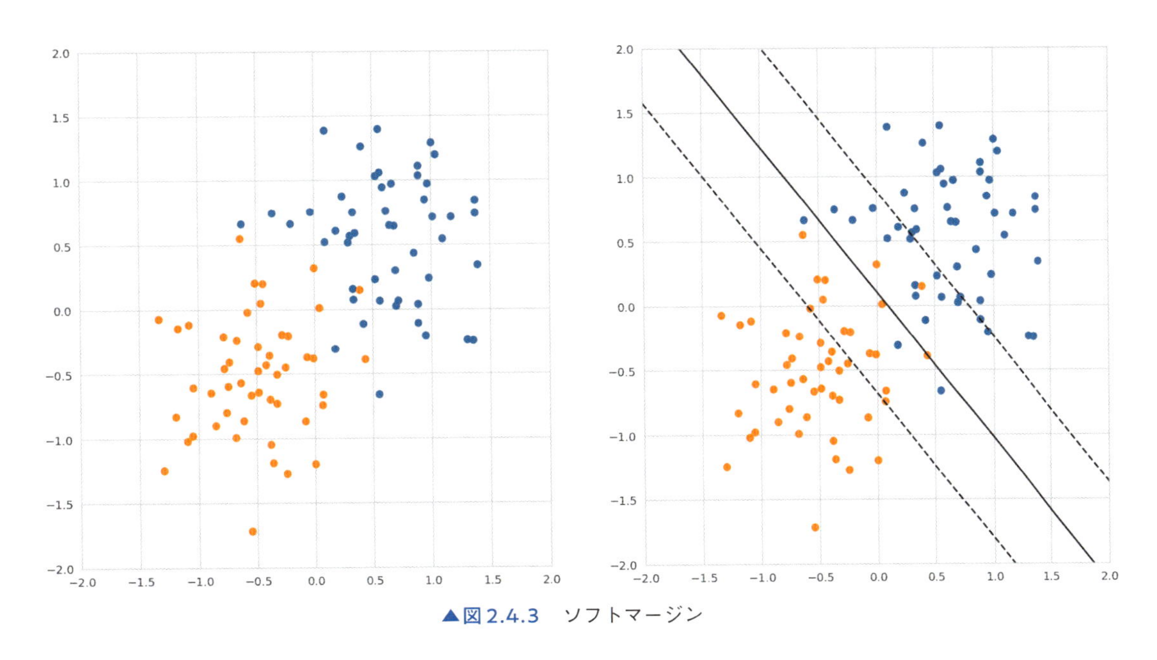

▲図 2.4.3　ソフトマージン

線形サポートベクトルマシンの学習の結果において、学習データは次の3通りに分類できます。

1. 決定境界からマージンよりも離れているデータ：マージンの外側のデータ
2. 決定境界からマージンと同じだけ離れているデータ：マージン上のデータ
3. 決定境界にマージンよりも近い、あるいは誤分類されてしまうデータ：マージンの内側のデータ

このうち、マージン上のデータとマージンの内側のデータを特別視してサポートベクトルと呼びます。サポートベクトルは決定境界を決める重要なデータです。一方、マージンの外側のデータについては、決定境界の形に影響を与えていないことが知られています。

マージンの内側のデータは誤分類されるデータを含むため、一見するとこれらは存在しない方が望ましいように思えます。

しかし、分離可能なデータに対しても、学習データがマージンの内側に入らないことを強制してしまうと、学習結果がデータに対して過学習してしまう場合があります。

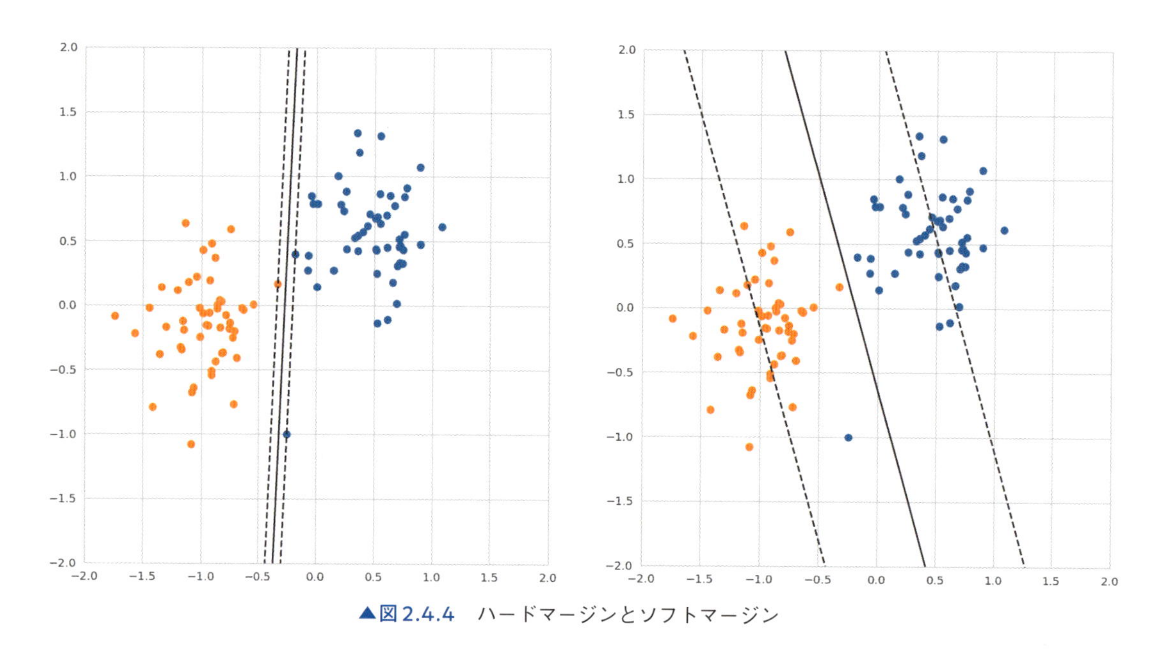

▲図2.4.4　ハードマージンとソフトマージン

図2.4.4では、2つのラベルからなる学習データを与えて線形サポートベクトルマシンに学習させています。

図2.4.4の左側はマージンの内側にデータが入るこむことを許容しないハードマージン、右側はマージンの内側にデータが入り込むのを許容するソフトマージンです。

また、青い点で表している学習データには意図的に外れ値を加えています。

2つの結果を比較してみると、ハードマージンを用いた図2.4.4左のグラフでは決定境界が外れ値に大きく引きずられてしまっています。ソフトマージンを導入した図2.4.4右のグラフでは、学習結果が外れ値に影響を受けにくいことが見て取れます。

ソフトマージンにおいて、マージンの内側に入ることをどの程度許容するかはハイパーパラメータによって決まります。他のアルゴリズムと同様に、ハイパーパラメータの決定にはグリッドサーチやランダムサーチといった手法を用いた試行錯誤が必要です。

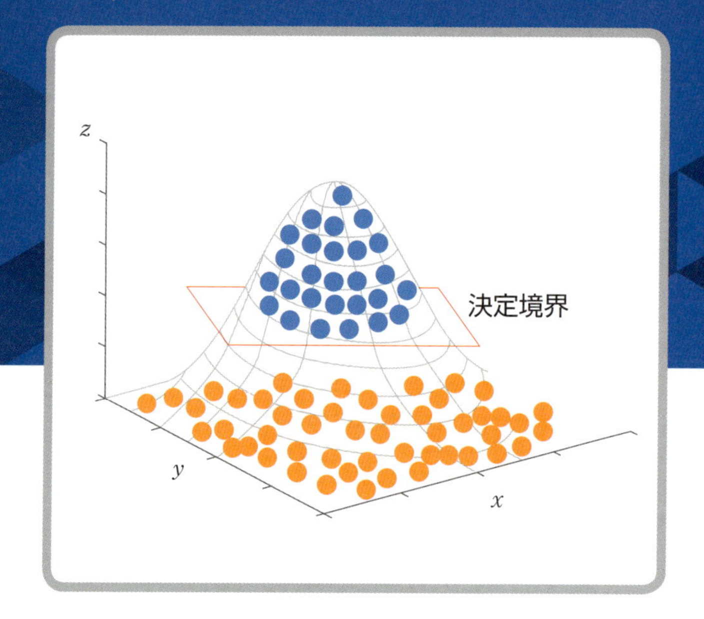

05 サポートベクトルマシン（カーネル法）

ディープラーニングが登場する少し前には、カーネル法を用いたサポートベクトルマシンは大変人気がありました。
サポートベクトルマシンにカーネル法というテクニックを導入することで、複雑なデータに対して人手で特徴量を作らなくとも扱えるようになったためです。もちろん、今もさまざまな分類・回帰の問題に使われるアルゴリズムです。

 概要

本節ではサポートベクトルマシンにカーネル法を導入することで、複雑な決定境界を学習できることを説明します。ここでは分類を例にとって説明していますが、回帰にも同様にカーネル法を利用できます。

線形サポートベクトルマシンではマージン最大化により、データからなるべく離れた「良い」決定境界を得ることができます。しかし、決定境界が必ず直線になるため、ラベルごとの境界が曲線になっている図2.5.1のようなデータを分類することは苦手です。

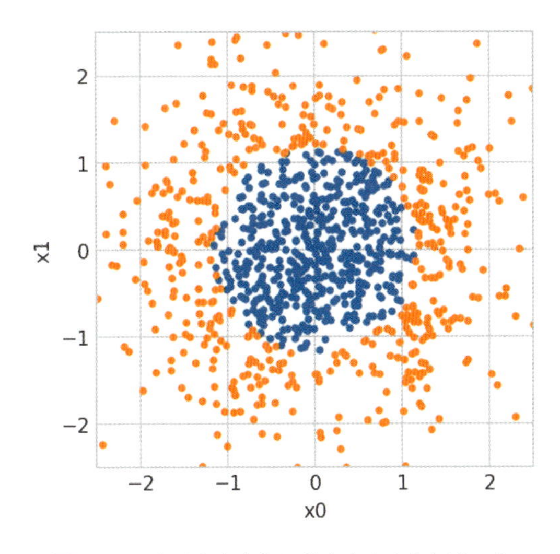

▲図 2.5.1　ある点を中心に分布するようなデータ

図2.5.1のようなデータを分離するためには、曲線の線形な決定境界を学習する必要があります。サポートベクトルマシンではカーネル法と呼ばれる手法を用いて、複雑な決定境界を学習できます。例えば、今回のデータに対してカーネル法を用いると、図2.5.2のように円形の決定境界を学習できます。

カーネル法については次の「アルゴリズム」で詳しく説明していきます。

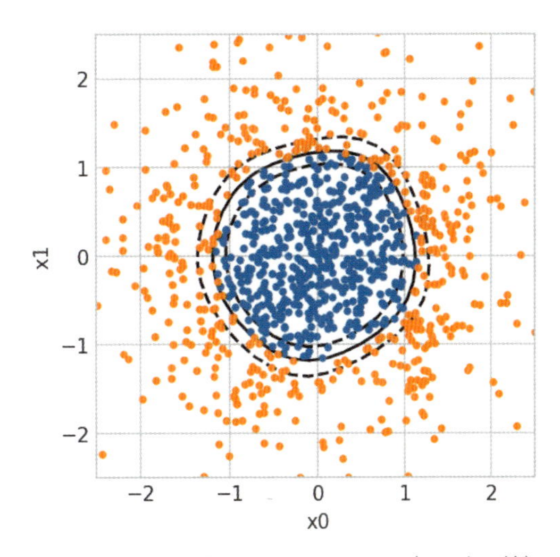

▲図 2.5.2　サポートベクトルマシン（カーネル法）

アルゴリズム

カーネル法では「データを別の特徴空間に移してから線形回帰を行う」という説明がよくされています。これについてもう少し詳細に触れてみましょう。

まず線形分離可能でないデータを線形分離可能にすることを考えます。これを考えるために、学習データよりも高次元な空間があって、学習データのそれぞれの点はその高次元空間の点に対応していると考えます。高次元空間の中では、学習データに対応する点は線形分離可能であり、実際の学習データはその高次元空間からの射影だと考えます。このような空間が手に入れば、高次元な空間でサポートベクトルマシンを用いて決定境界を学習できるでしょう。最後に、高次元な決定境界を元の特徴量のなすベクトル空間に射影して決定境界を得ます。

もともと線形分離でないデータを高次元空間に移して線形分離している様子をイメージにしたのが次の図2.5.3です。

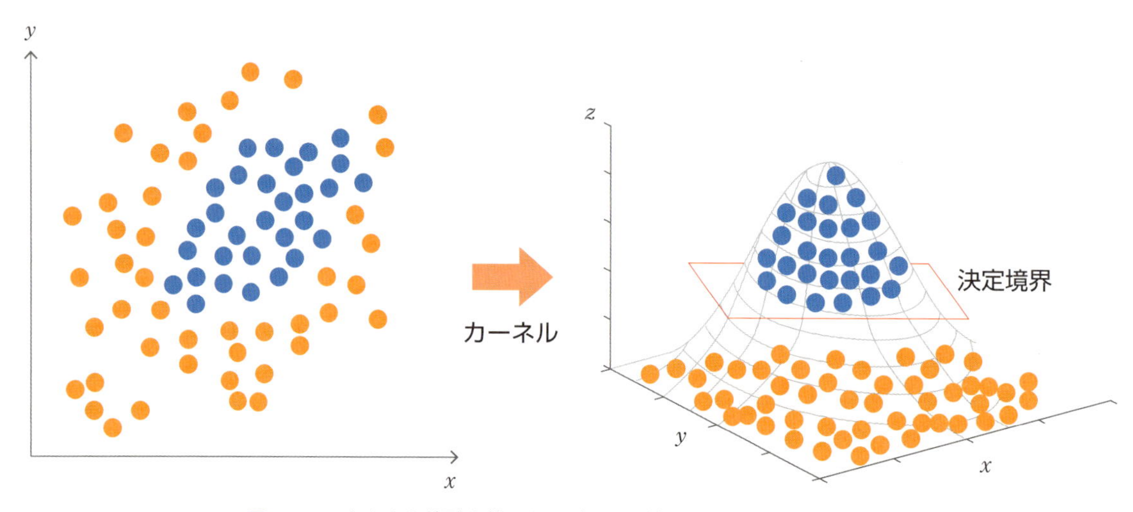

▲図 2.5.3　もともと線形分離でないデータを線形分離しているイメージ

線形分離になる高次元な空間を具体的に構成することは困難ですが、カーネル法ではカーネル関数と呼ばれる関数を利用することで、線形分離になる高次元な空間を具体的に構築することなく、高次元空間で学習した決定境界を利用できます。

カーネル関数については、代表的なものを次の「詳細」で説明します。

サンプルコード

サンプルコードで、カーネル法を用いたサポートベクトルマシンが円形に分布するデータについて、決定境界を学習できることを確かめてみましょう。円形に分布するデータを生成して学習データと検証データに分割し、学習データを用いてモデルを学習させ、検証データで正解率を評価します。コード中で明示的に利用するカーネルを指定していないのは、デフォルトでRBF（Radial Basis Function、放射基底関数）カーネルを利用するためです。

▼サンプルコード

```
from sklearn.svm import SVC
from sklearn.datasets import make_gaussian_quantiles
from sklearn.model_selection import train_test_split
from sklearn.metrics import accuracy_score

# データ生成
X, y = make_gaussian_quantiles(n_features=2, n_classes=2, n_samples=300)
X_train, X_test, y_train, y_test = train_test_split(X, y, test_size=0.3)

model = SVC()
model.fit(X_train, y_train)
y_pred = model.predict(X_test)
accuracy_score(y_pred, y_test)
```

```
0.9777777777777775
```

詳細

カーネル関数による学習結果の違い

カーネル法で利用できるカーネル関数にはさまざまなものが知られています。また、利用するカーネル関数によって得られる決定境界の様子が変わります。ここではサポートベクトルマシンに代表的なカーネル関数である、線形カーネル（a）、シグモイドカーネル（b）、多項カーネル（c）、RBFカーネル（d）を用いて、同じデータに対して学習させた時の様子を示します（図2.5.4）。

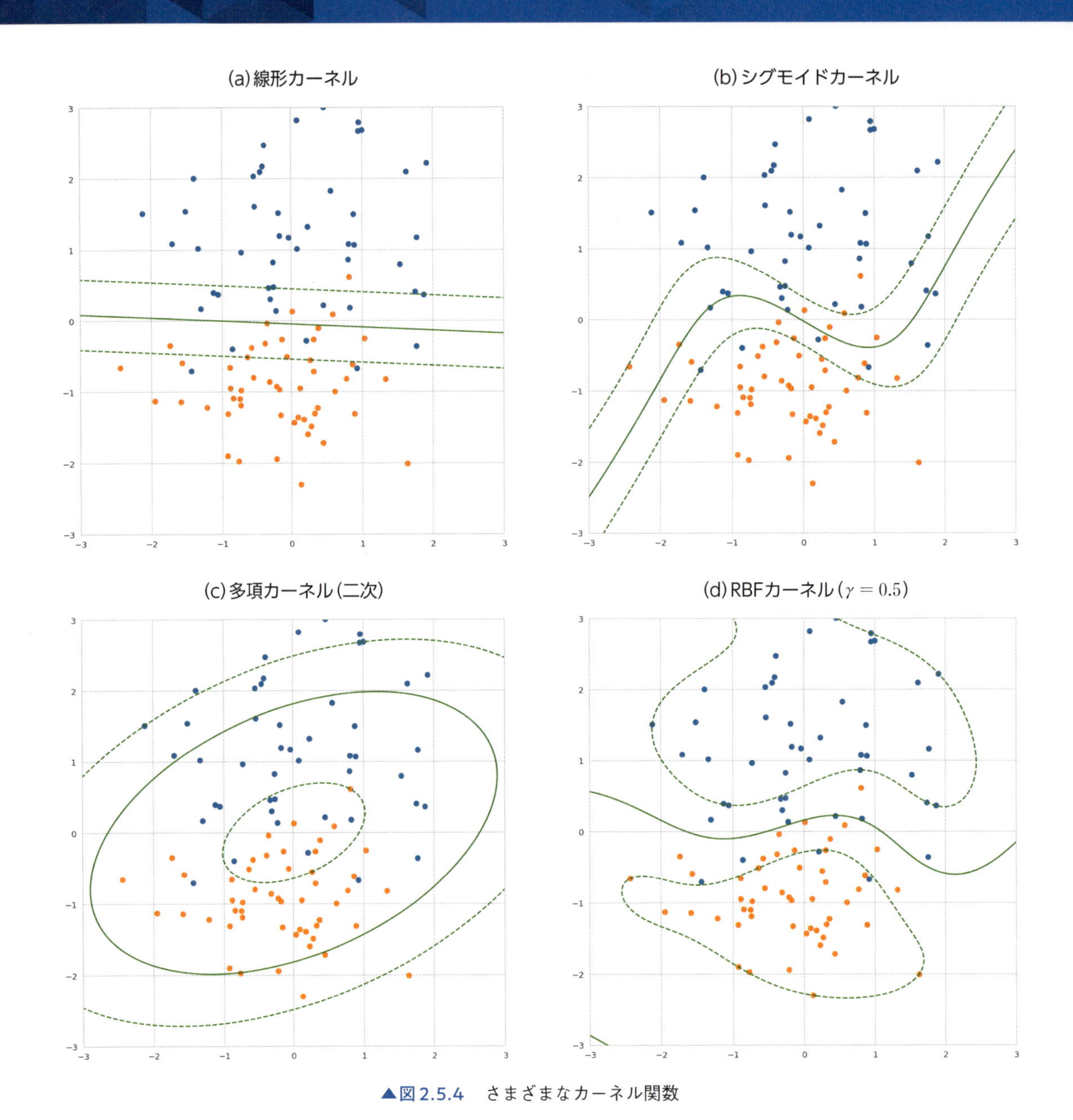

▲図 2.5.4　さまざまなカーネル関数

図2.5.4 (a) の線形カーネルは線形サポートベクトルマシンと等価です。(b) ではカーネル関数としてシグモイドカーネルを用いています。カーネル関数を変更したことで、曲がった決定境界を学習したことがわかります。また、(c) の多項カーネル (2次) では円形の決定境界を学習しています。(d) のRBFカーネルではより複雑な決定境界を学習している様子がわかります。

注意点

カーネル法を利用すると、サポートベクトルマシンで利用している特徴量が何であるかを明示的に知ることはできなくなります。図2.5.5はカーネル関数としてRBFカーネルを利用し、RBFカーネルのハイパーパラメータであるγを3.0としたときのものです。この値は大きくすることで、データからより複雑な決定境界を学習する傾向があります。

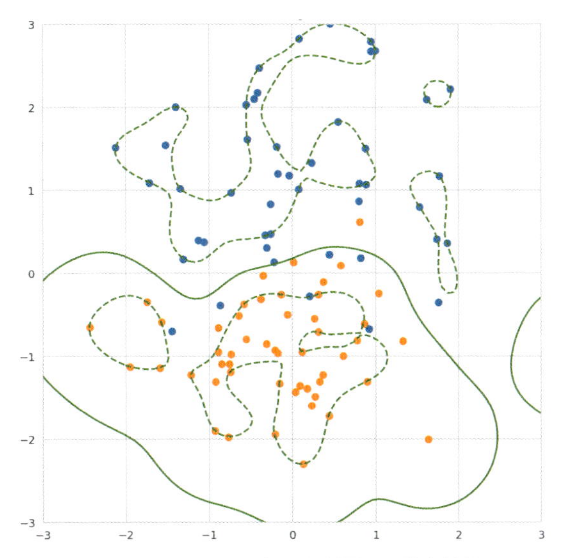

▲図2.5.5　RBFカーネルを利用した決定境界

図2.5.5では複雑な決定境界を学習していますが、特徴量として何を見ているのかはわからなくなっています。カーネル法は、特徴量の解釈よりも精度が要求されている場合に利用すると良いでしょう。また、サンプルコードで学習したようなわかりやすい決定境界が得られるとは限らない点には注意が必要です。

これらの特徴から、サポートベクトルマシンを利用する場合、いきなり非線形なカーネル関数を利用するのではなく、その前に線形カーネルを利用した分析などを行い、データの様子を掴んでからカーネル関数を利用した学習を行うべきでしょう。

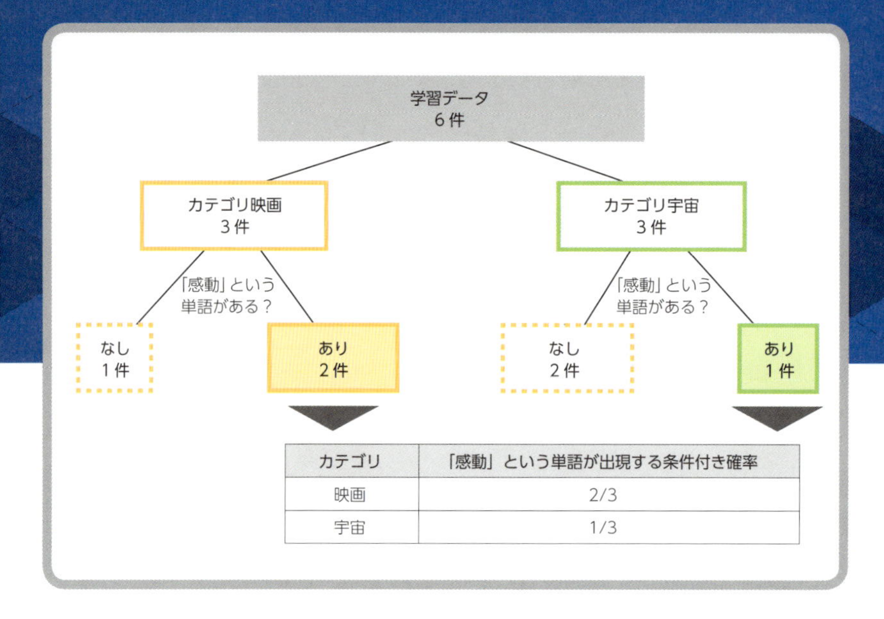

カテゴリ	「感動」という単語が出現する条件付き確率
映画	2/3
宇宙	1/3

06 ナイーブベイズ

ナイーブベイズ（単純ベイズ）は自然言語の分類問題に利用されることが多いアルゴリズムです。特に、スパムメールのフィルタリングに応用されたことで有名になりました。

 概要

ナイーブベイズ（単純ベイズ）は、確率に基づいて予測を行うアルゴリズムの1つで、実用上は分類問題に用いられます。データがあるラベルである確率を計算し、確率が最大になるラベルに分類する方法です。ナイーブベイズは文章の分類やスパムメール判定など、自然言語の分類で主に利用されます。

ここでは、ナイーブベイズを用いて、架空のニュース記事のタイトルを「映画」と「宇宙」という2つのカテゴリに分類してみましょう。

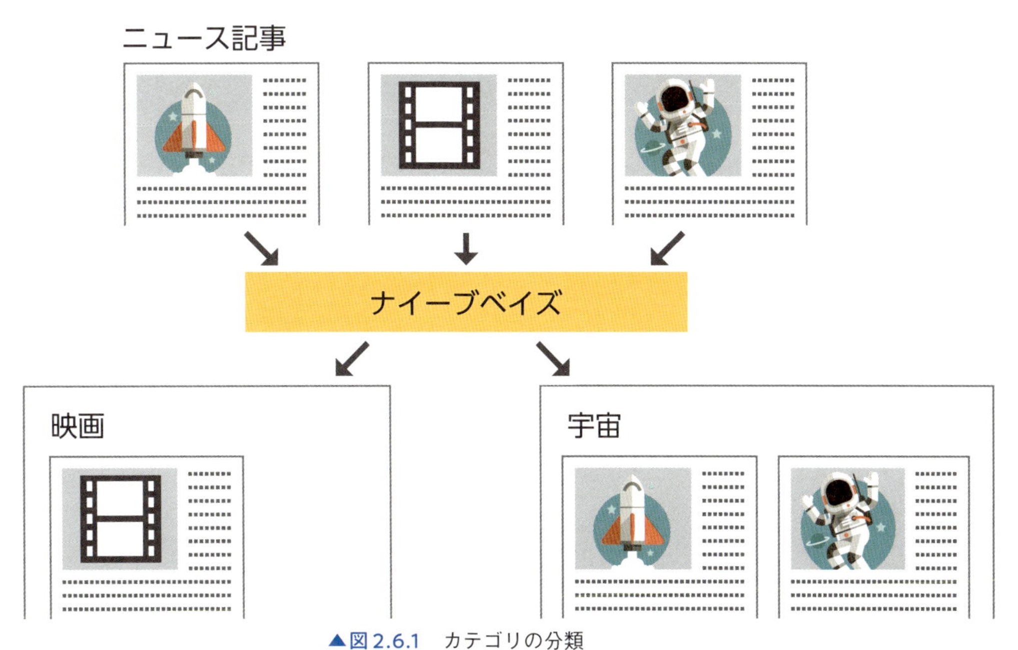

▲図2.6.1　カテゴリの分類

利用するデータを表2.6.1、表2.6.2に示します。

学習データ	カテゴリ
あの名作映画が蘇る	映画
ド派手アクション映画が封切り	映画
甦った名作に世界が感動	映画
砂嵐が火星を覆う	宇宙
火星探査ついに再開	宇宙
VRで見る火星の砂嵐に感動	宇宙

▲表2.6.1　学習データ

テストデータ	カテゴリ
復活した名作アクションに感動	??

▲表2.6.2　検証データ

表2.6.2の検証データは「映画」カテゴリの記事のタイトルとして作成したものですが、ここではカテゴリはわからないものとして扱います。

学習データから未知のデータのカテゴリが映画や宇宙である確率を計算する方法を考えてみま

しょう。学習データ中にはカテゴリが映画のデータが3件、宇宙のデータが3件あります。単純に考えると、未知のデータのカテゴリが映画である確率は、3/6＝50%です。宇宙である確率も同様に50%と求められます。この方法はシンプルですが、この計算方法では未知のデータ中の文章が何であれ、それぞれのカテゴリに分類される確率が一定になってしまいます。

ナイーブベイズでは文章中に含まれる単語をもとに、未知のデータのカテゴリを推定します。検証データ中に含まれる「感動」という単語に着目しましょう。この単語はどちらのカテゴリにも出現しますが、出現する割合がそれぞれのカテゴリで異なっています。

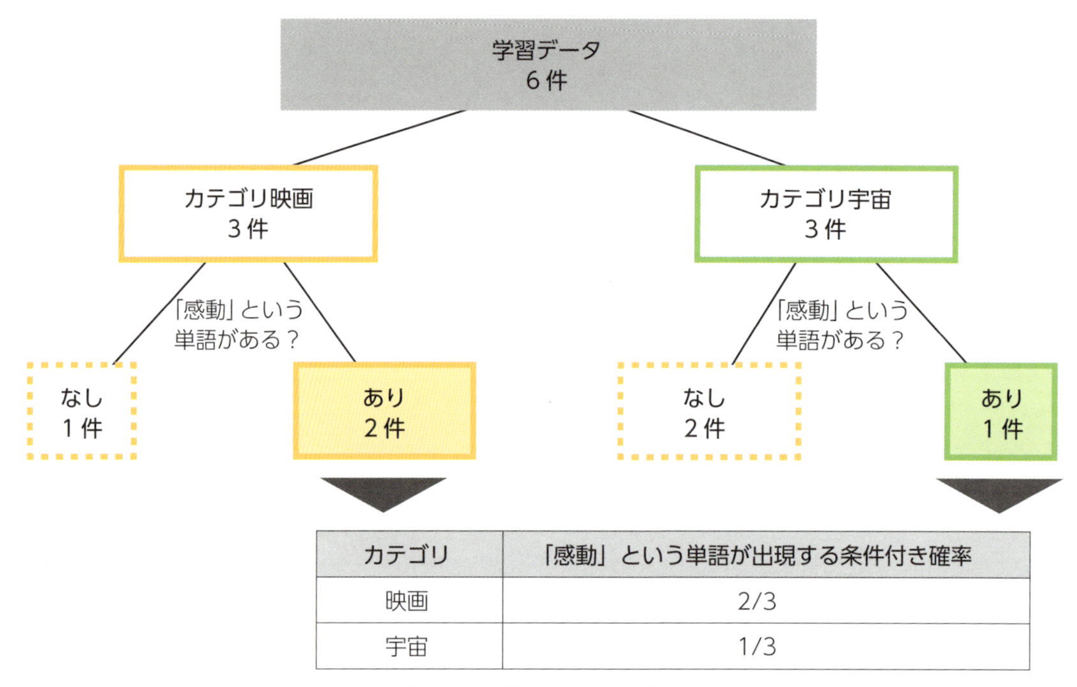

カテゴリ	「感動」という単語が出現する条件付き確率
映画	2/3
宇宙	1/3

▲図 2.6.2　単語が出現する割合

カテゴリが「映画」のデータ中に現れる「感動」という単語が現れる確率は2/3＝67%ですが、「宇宙」のデータでは1/3＝33%であり、「映画」のデータ中でより出現しやすい事がわかります。また、「感動」という単語が現れるデータに対してカテゴリが「映画」である確率は2/3＝67%、「宇宙」であるのは1/3＝33%だけです。検証データ中の「感動」という単語で絞り込みを行ったあとのデータで割合を算出すると、カテゴリが「映画」である確率のほうが高くなりました。ここで求めた、ある条件（今回は『「感動」という単語が出現する』という条件）のもとでの確率を条件付き確率といいます。

ナイーブベイズでは文章中の出現割合だけではなく、単語ごとの条件付き確率も用いて、文章内の単語の情報を使い求める確率の精度を上げています。

アルゴリズム

ここでは自然言語処理の分類を扱っていますが、ナイーブベイズにおいても入力データは特徴量からなるベクトルに変換されている必要があります。ここでは前処理で文章を特徴量からなるベクトルに変換し、その後ナイーブベイズを用いて学習を行い、結果を確認します。

前処理

前処理では文章をBoW（Bag of Words）という形式に変換し、特徴量からなるベクトルとラベルの組にしていきます。

まず、与えられた学習データの文章について名詞のみを抜き出します。抜き出した名詞は、単語の順序を無視して集合として扱います[*1]。学習データから名詞のみを抜き出した結果を表2.6.3に示します。

学習データ	カテゴリ
{"名作", "映画"}	映画
{"派手", "アクション", "映画"}	映画
{"名作", "世界", "感動"}	映画
{"砂嵐", "火星"}	宇宙
{"火星", "探査", "再開"}	宇宙
{"VR", "探査", "再開"}	宇宙

▲表2.6.3　単語の集合にした学習データ

次に、学習データとカテゴリをデータとして扱いやすいように変更します。学習データは、全体の単語集合から学習データに単語が含まれているときに1とし、学習データに含まれていないときには0とするようにデータを作ります。また、カテゴリは映画を1で、宇宙を0で置き変えます。結果を表2.6.4に示します。これがラベルになります。

＊1　文章を単語の集合とするために形態素解析といった処理が必要ですが、それらの処理はできたものとして割愛します。

学習データ	名作	映画	派手	アクション	世界	感動	砂嵐	火星	探査	再開	VR	カテゴリ
あの名作映画が蘇る	1	1	0	0	0	0	0	0	0	0	0	1
ド派手アクション映画が封切り	0	1	1	1	0	0	0	0	0	0	0	1
甦った名作に世界が感動	1	0	0	0	1	1	0	0	0	0	0	1
砂嵐が火星を覆う	0	0	0	0	0	0	1	1	0	0	0	0
火星探査ついに再開	0	0	0	0	0	0	0	1	1	1	0	0
VRで見る火星の砂嵐に感動	0	0	0	0	0	1	0	1	1	0	1	0

▲表2.6.4　特徴量のベクトルになった学習データ

以上により、自然言語で書かれた文章を単語の出現を表す特徴量とラベルの組で表現できました。このようにして表した文章表現をBoWと呼びます。同じように検証データも処理していきましょう。検証データには学習データに含まれていない「復活」という単語が含まれています。このような単語の扱いは難しいですが、今回は単純に無視して扱わないものとします。結果を表2.6.5に示します。

テストデータ	名作	映画	派手	アクション	世界	感動	砂嵐	火星	探査	再開	VR	カテゴリ
復活した名作アクションに感動	1	0	0	1	0	0	0	0	0	0	0	1

▲表2.6.5　特徴量のベクトルになった検証データ

ここまでの前処理を施すことで、今回の問題は、検証データ[1, 0, 0, 1, 0, 0, 0, 0, 0, 0, 1]が与えられたときに、カテゴリを予測する問題になります。

確率の計算

ナイーブベイズでは、学習データを用いて、それぞれのラベルごとに単語が現れる確率を学習していきます。分類時にはラベルごとに確率を求め、最も確率が高いものを分類結果とします。ナイーブベイズは学習時に次の2種類の確率を求めます。

1. それぞれのラベルが出現する確率
2. 各ラベルでのそれぞれの単語が出現する条件付き確率

学習時に行っている処理を図にまとめると次の図2.6.3のようになります。なお、特徴量の列は一部のみを表示しています。

	感動あり	感動なし	感動が出現する条件付き確率
映画	2	1	2/3
宇宙	1	2	1/3

条件付き確率 / カテゴリ	名作	映画	…	感動	…	VR
映画	2/3	2/3	…	2/3	…	0.01
宇宙	0.01	0.01	…	1/3	…	1/3

▲図2.6.3　学習時に行っている処理

上記の図の中で確率0を割り振るべきところに小さな確率0.01を割り振っています。これはスムージングと呼ばれる処理を表しています。確率が0になる箇所は、今回の学習データ中でその単語が出現しなかった箇所ですが、より大きなデータセットを学習データとして用いることで、その単語が本当は出現した可能性があります。スムージングではそのような可能性を考慮し、単語が出現しなかった箇所にも小さな確率を割り振ります。

ナイーブベイズは分類時にはラベルの値ごとに上記で求めた2つの確率を掛け合わせて、比較することで分類を行います。

例えば、今回の検証データ [1, 0, 0, 1, 0, 1, 0, 0, 0, 0, 0]（復活した名作アクションに感動）という文章を分類する際には、次の処理を行った結果を比較します。

1. 映画カテゴリの文章が出現する確率を求める
2. 映画カテゴリの文章から名作・アクション・感動という単語が出現する確率をそれぞれ求める
3. 文章中に出てこない単語についても、それぞれ映画カテゴリの文章では出てこない確率を求める
4. すべての確率の積をとる

上記の手続きのイメージが図2.6.4です。図2.6.4の手続きの結果をラベルごとに比較し、最大になるラベルを分類結果として出力します。

単語が出現する条件付き確率 / カテゴリ	名作	映画	…	感動	…	VR
映画	2/3	2/3	…	2/3	…	0.01
検証データ	1	0	…	1	…	0

確率の積 $\frac{3}{6} \times \frac{2}{3} \times \left(1 - \frac{2}{3}\right) \times \cdots \times \frac{2}{3} \times \cdots \times (1 - 0.01)$

映画カテゴリの
文章が出現する確率

単語ごとの条件付き
確率の積

▲図2.6.4　手続きのイメージ

図2.6.4では、確率は特徴量となる単語ごとに求められるという仮定を置き、単語の順序や組み合わせを考慮せずに確率を計算しています。ナイーブベイズはこのようにそれぞれの単語が独立であるという単純な仮定をおくことで学習を単純にしています。

サンプルコード

実際にコードを書いて結果を確かめてみましょう。

▼サンプルコード

```
from sklearn.naive_bayes import MultinomialNB

# データ生成
X_train = [[1, 1, 0, 0, 0, 0, 0, 0, 0, 0, 0],
           [0, 1, 1, 1, 0, 0, 0, 0, 0, 0, 0],
           [1, 0, 0, 0, 1, 1, 0, 0, 0, 0, 0],
           [0, 0, 0, 0, 0, 0, 1, 1, 0, 0, 0],
           [0, 0, 0, 0, 0, 0, 0, 1, 1, 1, 0],
           [0, 0, 0, 0, 0, 1, 0, 1, 1, 0, 1]]
y_train = [1, 1, 1, 0, 0, 0]
```

```
model = MultinomialNB()
model.fit(X_train, y_train)  # 学習
model.predict([[0, 1, 0, 1, 0, 1, 0, 0, 0, 0, 0]])  # 評価
```

```
array([1])
```

ここで得られた、array([1])はカテゴリが映画であることを意味します。今回は正しく判定できたようです。

詳細

注意点

ナイーブベイズでは自然言語の分類において標準的な精度を発揮しますが、天気予報の降水確率のように、確率の値そのものを予測したい場合には向きません。アルゴリズムで触れたナイーブベイズの「それぞれの単語を独立に扱って確率が計算できる」という仮定は、確率の算出の仕方を過度に単純化しているためです。例えば係り受けのような、文章中の単語の間のつながりはこの仮定によって無視されてしまいます。算出された確率の値が重要な場合に、ナイーブベイズで得られた値を確率そのものとして扱うのは避けるべきでしょう。

また、ナイーブベイズの「それぞれの特徴量を独立なものとして扱っても確率が計算できる」という仮定は、学習させたいタスクによっては成立しない場合があります。例えば、単語が文脈によって意味を変える場合にはナイーブベイズの仮定は成立しません。「キック」という単語は格闘技などで出現しますが、「ボールをキックした」といった場合はおそらくサッカーのことになるでしょう。このように、単語が文脈によって意味が変わる場合には、ナイーブベイズの「すべての特徴量が互いに独立」という仮定は、単純には満たされません。もし文脈を考慮したい場合には、文脈ごとに別のモデルを使うなどの対策が必要です。

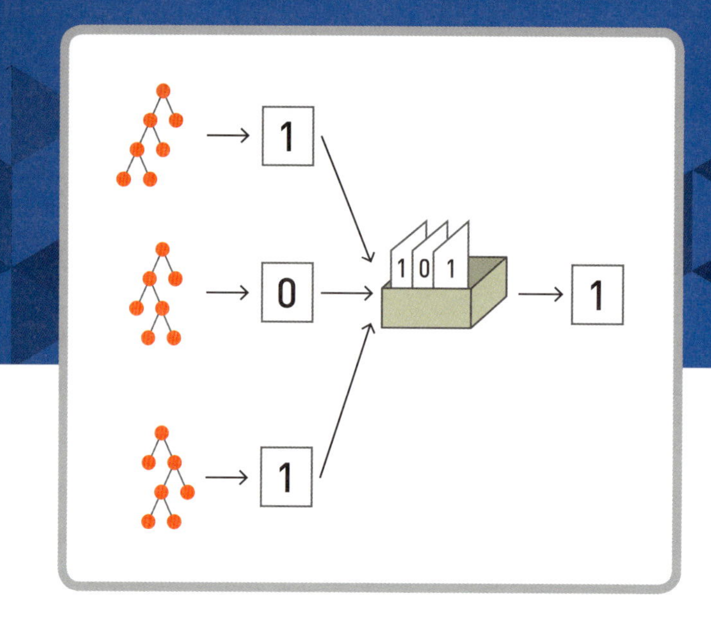

07 ランダムフォレスト

ランダムフォレストは複数のモデルを束ねてより高い性能のモデルを作成する手法です。回帰と分類のどちらにも用いることができます。同様のアルゴリズムには勾配ブースティングなど、機械学習コンペティションでも人気の高い手法があります。
ランダムフォレストを学ぶことで、他のアルゴリズムにも通じる基礎知識を得られます。

 概要

ランダムフォレストは決定木というモデルを複数利用することで、決定木単体よりも予測精度の向上を図る手法です。一つひとつの決定木の性能は必ずしも高くありませんが、それらを複数用いることで汎化性能の高いモデルを作成できます。

ランダムフォレストは分類と回帰のどちらにも利用可能ですが、ここでは分類問題を例に説明します。ランダムフォレストの分類方法をイメージしたものが図2.7.1です。それぞれの決定木から出力を集め、多数決で最終的な分類結果を得ます。

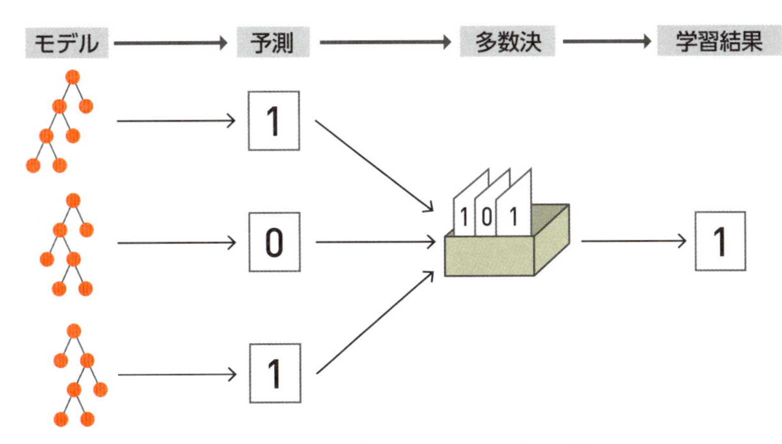

▲図 2.7.1　ランダムフォレストのイメージ

ランダムフォレストの多数決は、誰か一人に相談した結果だけから判断するのではなく、さまざまな人に聞いて総合的に判断することに似ています。機械学習でも同じように、複数のモデルを作っておいて、多数決をとることでより妥当な結果を得られることが期待できます。

注意すべき点として、同一の学習方法で決定木を作成すると、出力がすべて同じものになるので、多数決をとる意味がなくなってしまいます。ランダムフォレストでは、決定木の一つひとつが多様性を持つことが重要です。決定木のアルゴリズムや、ランダムフォレストがどのように決定木に多様性を持たせるかは次の「アルゴリズム」で説明します。

アルゴリズム

ランダムフォレストは決定木の結果を束ねて使う手法です。ここではまず決定木の概要を記し、次にそれらを束ねる方法について記します。

決定木

決定木は学習データを条件分岐によって分割していくことで分類問題を解く手法です。分割する際には、不純度という乱雑さ（または不均衡さ）を数値化したものを利用します。決定木では、データの乱雑さを表す不純度が小さくなるように、データを分割していきます。分割されたグループに同一のラベルが多く存在するときに不純度は小さくなり、逆に、分割されたグループに異なるラベルが多く存在すると不純度が大きくなります。

不純度を表す具体的な指標としては、さまざまなものが存在しますが、本節ではジニ係数を利用します。

ジニ係数は次式で計算されます。

$$(\text{ジニ係数}) = 1 - \sum_{i=1}^{c} p_i^2$$

cは、ラベルの数で、p_iは、あるラベルの数をデータ数で割ったものです。

図2.7.2は、分割方法ごとに加重平均したジニ係数を計算したものです。左側は分割前の状態で、このときのジニ係数は0.5です。中央では分割を行ったあとのジニ係数の平均を求めています。それぞれの分割でのジニ係数に、分割の中に含まれるデータの個数の割合を掛け、加重平均を算出しています。右側はジニ係数の平均が最も小さくなるような分割の例となっています。

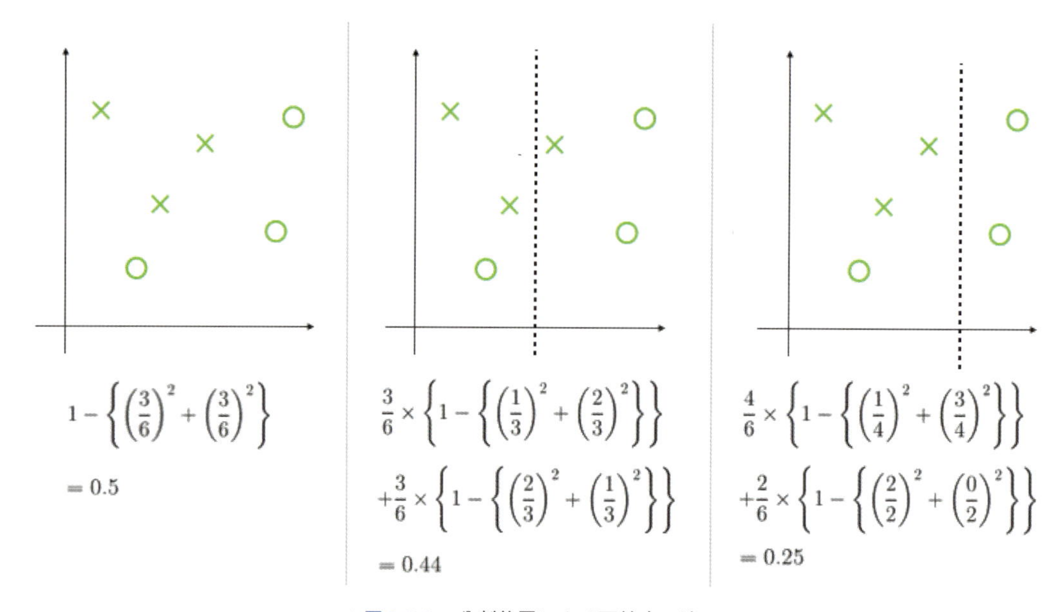

▲図 2.7.2　分割位置による不純度の違い

決定木の学習は、図2.7.3のような空間の分割を繰り返すことで行われます。具体的には次の手続きを繰り返します。

1. ある領域についてすべての特徴量と分割候補について不純度を計算する
2. 分割したときに不純度が最も減る分割で領域を分割する
3. 分割後の領域について、1. 2.を繰り返す

図2.7.3はこの学習の様子のイメージです。

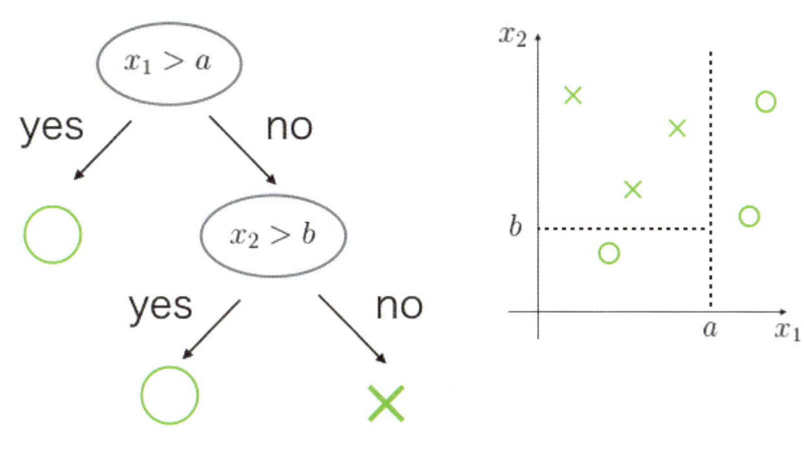

▲図 2.7.3　決定木の学習イメージ

ランダムフォレスト

ランダムフォレストが複数の決定木を利用することで、どのように精度を高めているのかを考えてみましょう。独立な決定木が3つあり、それぞれは0.6の確率で正解する場合を考えます。このとき、それぞれの決定木で多数決をとって予測結果とすることで、正解率が向上します。実際に確率を求めてみると、この場合に不正解となる場合は、すべての決定木が不正解となる場合（確率$(1-0.6)^3=0.064$）と、3つのうちから2つ選んだ決定木が不正解になる場合（確率$3\times(1-0.6)^2\times0.6=0.288$）の2通りなので、正解になる確率は$1-0.064-0.288=0.648$と確かに向上していることが分かります。

次に、それぞれが独立な決定木を同じデータから学習させて得る方法について考えましょう。実は、これは単純にはうまくいきません。機械学習では基本的に、同じデータから学習した結果は同様の結果になります。100個の決定木を用意しても、すべて同じように学習してしまうと、多数決をとった結果もやはり同じような学習結果になってしまいます。

ランダムフォレストでは、それぞれの決定木に与えるデータを次のように工夫することで、分類結果ができるだけ異なるように学習させています。第一に、ブートストラップ法を用いて学習データから、内容の異なる複数の学習データを生成しています。ブートストラップ法は1つの学習データから何度もランダムに復元抽出を行うことで学習データを「水増し」する方法です。これにより、それぞれの決定木に与える学習データを別々のものにできます。第二に、ブートストラップ法により作成した学習データから決定木を学習させる際に、一部の特徴量だけをランダムに用いて学習させます。「ブートストラップ法」「特徴量のランダムな選択」という2つの工夫により、多様性をもった決定木を学習させることができます。

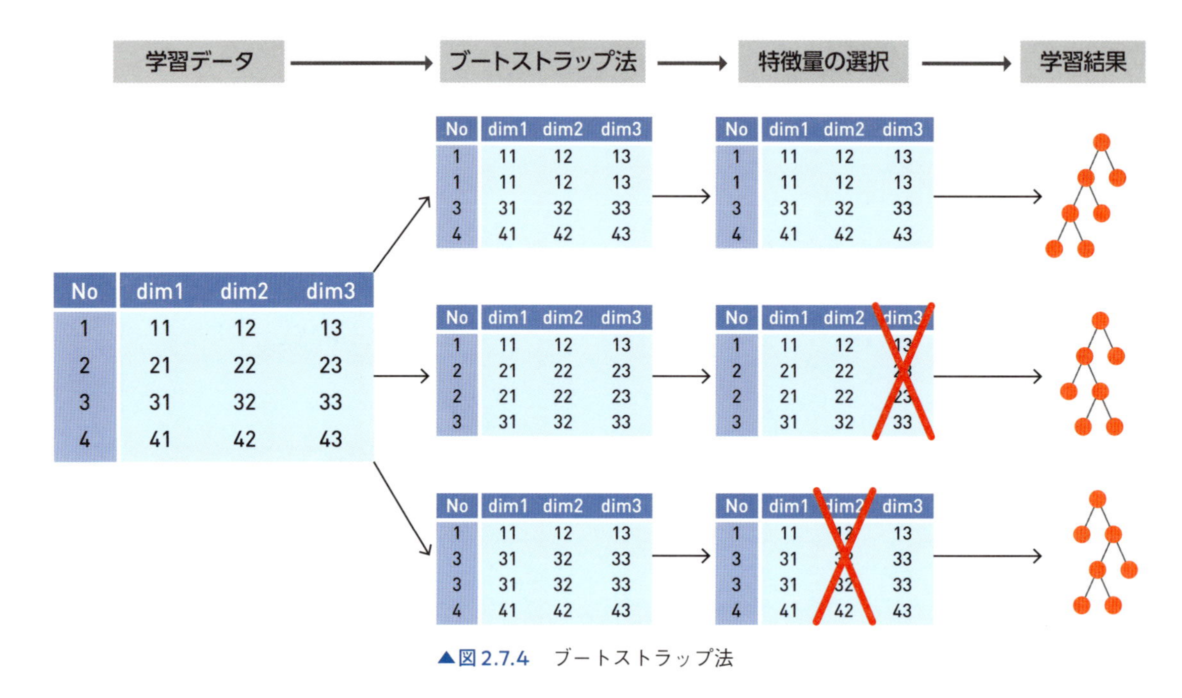

▲図 2.7.4　ブートストラップ法

ランダムフォレストではこのようにして作成したさまざまなデータセットを用いて、決定木を複数作成し、予測結果の多数決をとることで、最終的な分類結果を返します。

サンプルコード

3種類のワインに関するさまざまな計測値から、ランダムフォレストを用いてワインの種類を分類させましょう。

▼サンプルコード

```
from sklearn.datasets import load_wine
from sklearn.ensemble import RandomForestClassifier
from sklearn.model_selection import train_test_split
from sklearn.metrics import accuracy_score

# データ読み込み
data = load_wine()
X_train, X_test, y_train, y_test = train_test_split(
    data.data, data.target, test_size=0.3)
```

```
model = RandomForestClassifier()
model.fit(X_train, y_train)  # 学習
y_pred = model.predict(X_test)
accuracy_score(y_pred, y_test)  # 評価
```

```
0.9444444444444442
```

詳細

特徴量の重要度

ランダムフォレストでは特徴量ごとに予測結果に対しての重要度を知ることができます。重要度の計算方法を確認したあとに、ワインの分類を例に特徴量ごとの重要度を確認します。まず、ランダムフォレストを用いた重要度の計算方法について説明します。それぞれの決定木は特徴量をある値を境に分割することで、不純度をできるだけ小さくするように学習することを思い出しましょう。特徴量の重要度は、ある特徴量で分割したときの不純度を、ランダムフォレストに用いた決定木全体で平均して得られます。重要度の高い特徴量は、分割の軸に用いることで不純度を大きく減らすことが期待できるものです。逆に重要度の小さな特徴量は、分類の軸に用いても不純度を減らすことはできない不要なものだと言えます。特徴量の重要度に着目することで、不要な特徴量を省くことができます。

次に、ワインの分類を例に特徴量の重要度を確認します。図2.7.5はランダムフォレストを用いて、特徴量の重要度をグラフ化したものです。図中の重要度の高い特徴量であるcolor_intensityは、色の鮮やかさを表すものです。これがワインの分類に重要であるというのは、直観的にも納得できる結果となっています。

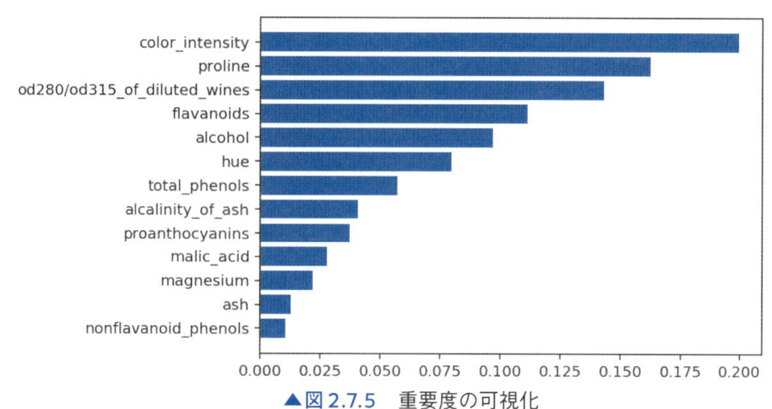

▲図2.7.5　重要度の可視化

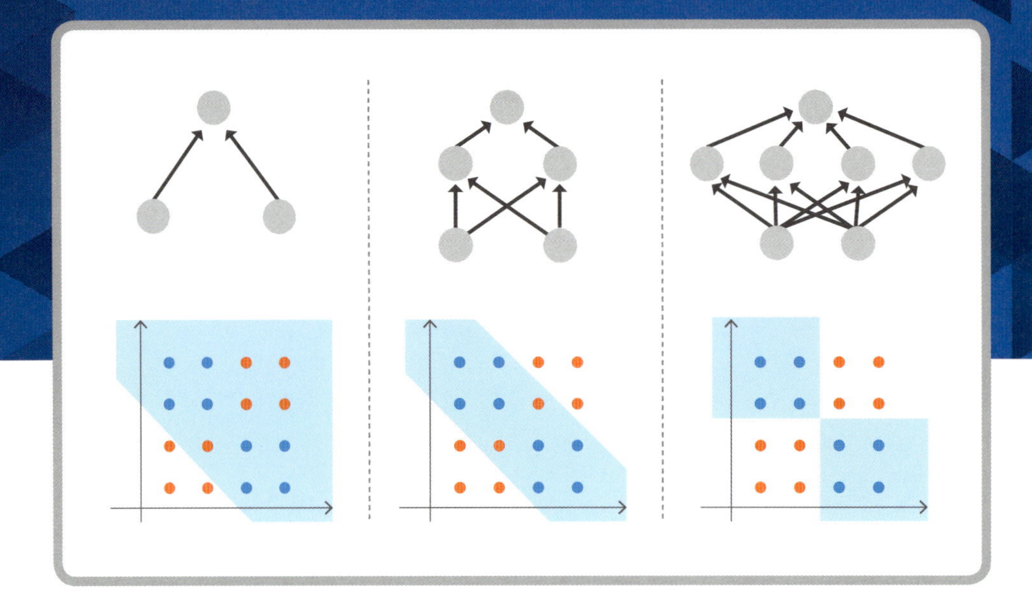

08 ニューラルネットワーク

ニューラルネットワークは、歴史的には、生物の神経回路網を模倣することから始まったとされます。
回帰と分類のどちらにも適用できますが、応用上は分類によく使われます。
ニューラルネットワークを応用したディープラーニングは、画像認識や音声認識のような分野でよいパフォーマンスを出すことが知られています。

 概要

ニューラルネットワークは入力データと出力結果の間に中間層と呼ばれる層を挟むことで、複雑な決定境界を学習できるモデルです。回帰にも分類にも利用できますが、分類問題への応用が有名です。本節でも分類問題を例に説明します。

ニューラルネットワークは、典型的に図2.8.1.のような図で表されます。

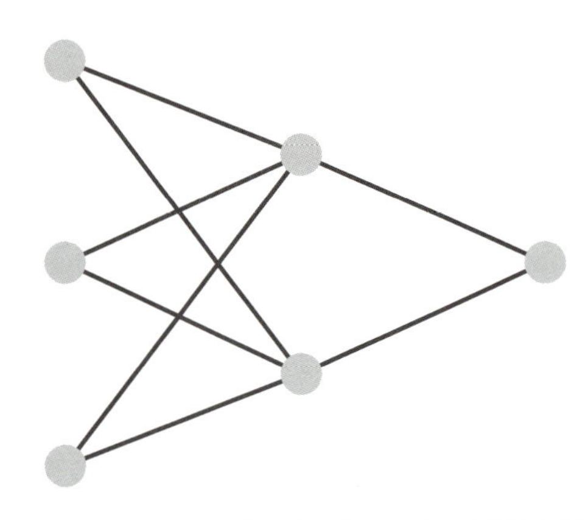

▲図2.8.1　ニューラルネットワークの典型的な図

図2.8.1は入力データが三次元データで、中間層が二次元、出力が一次元データであることを示しています（入力層から中間層、中間層から出力層の間で行われている計算については次の「アルゴリズム」で詳細を述べます）。左端の層は入力層と呼ばれ、入力されたデータそのものを表します。右端の層は出力層と呼ばれ、入力データを分類した結果の確率をとります。二値分類の場合、出力する確率は1つだけです。多値分類の場合では分類対象のラベルそれぞれに属する確率を同時に出力します。ニューラルネットワークでは入力層と出力層の間に中間層を積み重ねることで、複雑な決定境界を学習できます。

ニューラルネットワークを具体的なタスクに適用して結果を確認しましょう。本章ではMNISTと呼ばれる手書き文字データを分類するタスクを扱います。MNISTでは0から9までの10通りの数字を手書きした画像の分類を行います。画像は図2.8.2にあるような8×8のグレースケール画像です。

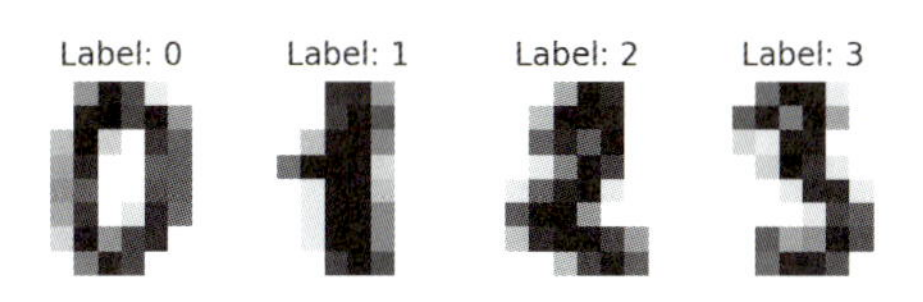

▲図2.8.2　MNISTと呼ばれる手書き文字データ

今回作成したニューラルネットワークは次のようなものです。図2.8.3ではそれぞれのノードの間のエッジは省略しています。

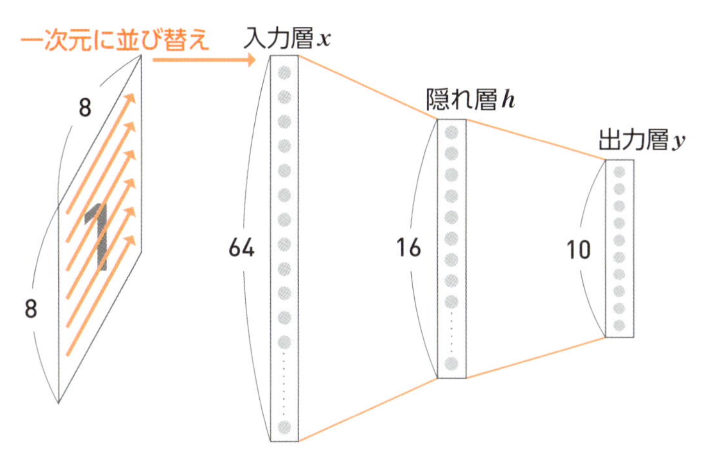

▲図2.8.3　MNISTのニューラルネットワークのイメージ

入力層は入力された画像（64次元ベクトル）そのものを表します。各ドットの画素値を長さ64の1次元配列の要素に格納すると、これを64次元のデータとみなして扱うことができます。このようにして得た64次元のデータをニューラルネットワークで学習します。

中間層は入力層からシグモイド関数などの非線形関数を用いて計算されます。中間層の次元はハイパーパラメーターです。大きくすることでより複雑な境界を学習できますが、過学習しやすくなります。今回は16次元としました。中間層の計算方法や、中間層の次元と学習結果の関わりについてはアルゴリズムの項で改めて触れます。

出力層も同様に、中間層から非線形関数を用いて計算されます。今回のタスクは0～9の10個の数字を分類するものです。このため、出力層では入力された手書き画像が0～9それぞれの数字である10個の確率を出力します。

このニューラルネットワークで学習を行い分類をしてみます。

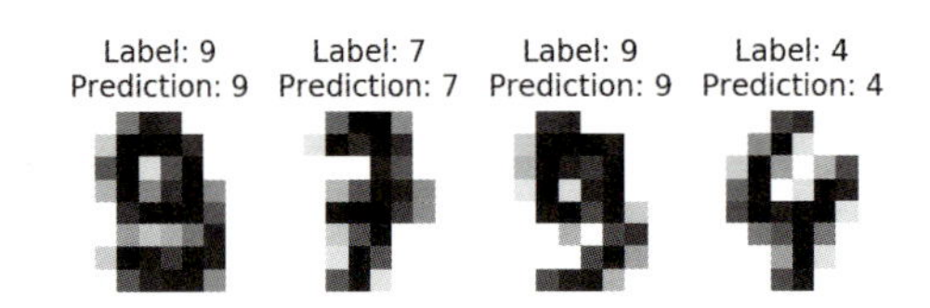

▲図 2.8.4　ニューラルネットワークを用いた分類

画像中のLabelが正解の数字、Predictionがニューラルネットワークの分類した数字、下の画像が入力されたデータです。これらの手書き文字については正しく認識できました。

アルゴリズム

ニューラルネットワークでは中間層を積み重ねることで、複雑な決定境界を学習できます。ここでは入力層と出力層だけで構成される単純パーセプトロンについて説明します。次に、中間層を重ねることでより複雑な決定境界の学習ができることを見ていきます。

単純パーセプトロン

単純パーセプトロンは特徴量に重みをかけた結果に、非線形な関数を適用して識別を行うモデルです。単純パーセプトロンでは、例えば特徴量の次元が2の場合、入力となる特徴量を(x_1, x_2)として、確率yを非線形関数fを用いて次のように計算します。

$$y = f(w_0 + w_1 x_1 + w_2 x_2)$$

ここで、特徴量の係数w_1, w_2は重み、定数項のw_0はバイアスと呼ばれます。重みとバイアスは学習パラメータです。非線形関数fは活性化関数と呼ばれ、重み付けされた特徴量の和から、確率yを計算します。活性化関数にはシグモイド関数などの関数が用いられます。

図2.8.5の左は、単純パーセプトロンの模式図で、重み付けされた入力とバイアスの和に活性化関数を適用し、出力を計算する様子を説明しています。また、図2.8.5の右のように、和をとる部分と活性化関数を省略し、入力と出力部分だけを描いた簡略図で説明する場合もあります。また、簡略図中、ノードの変数名はよく省略されます。

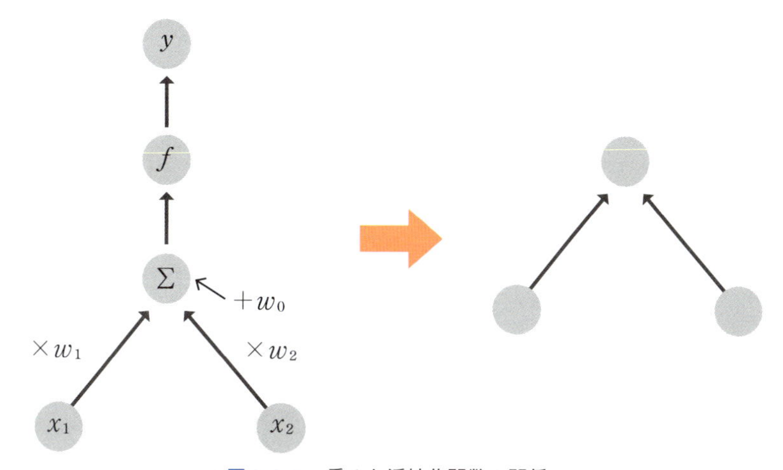

▲図 2.8.5　重みと活性化関数の関係

この単純パーセプトロンはロジスティック回帰とよく似た性質を持ちます。実際に、活性化関数fとしてシグモイド関数を用いると、単純パーセプトロンとロジスティック回帰は等価になります。

ニューラルネットワーク

ニューラルネットワークは単純パーセプトロンを積み重ねることで、複雑な決定境界を表現できるようにしたモデルです。単純パーセプトロンは、データによってはうまく決定境界を学習できません。ロジスティック回帰は線形でない決定境界をうまく分類できませんでしたが、単純パーセプトロンでも同様に、図2.8.6のようなデータは正しく分類することができません。単純パーセプトロンでも同様に、次のような線形分離可能でないデータは正しく分類することができません。

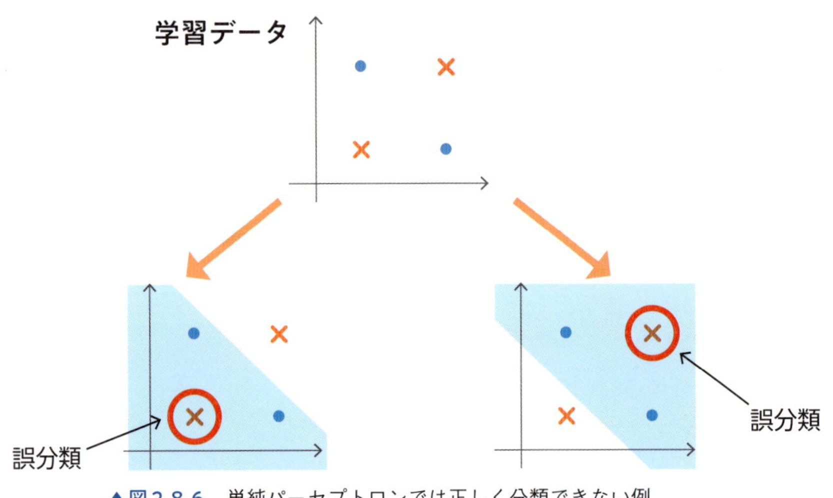

▲図 2.8.6　単純パーセプトロンでは正しく分類できない例

ニューラルネットワークではこれを次のように解決します。まず、右上の点とそれ以外の点とを区別する層と、左下の点とそれ以外の点を区別する層を設けます。この入力と出力の間に挟む層を中間層や隠れ層と呼びます。次に、その2つの出力結果を重ね合わせ、最終的な決定を行う層を設けます。このようにすることで、2本の直線で挟まれた箇所に入るかどうかで分類ができるようになります。

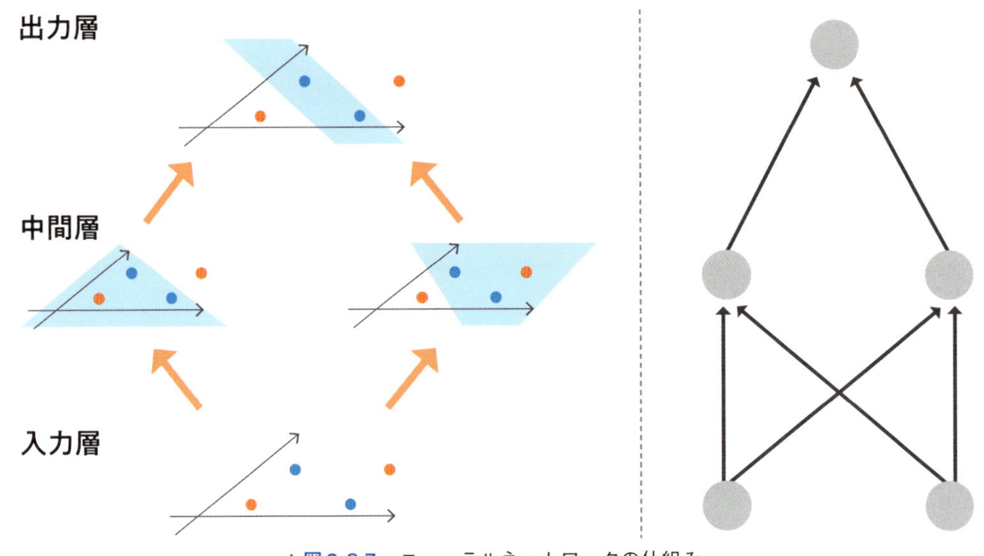

▲図 2.8.7　ニューラルネットワークの仕組み

左側はそれぞれの層での学習の様子を、右側はそれを模式図として表したものになります。右図は、二次元の入力から2つの中間出力を経て、最終的な出力を得ていることを表しています。

また、ノードは特徴量やその出力といった変数を、辺は次の変数の計算への入力となっていることを表します。

このように、ニューラルネットワークでは中間層を設けることで、さまざまな決定境界の学習を単一のアルゴリズムで可能にしています。中間層の個数や層の深さを調節することで、より複雑な境界の学習が可能です。イメージとしては図2.8.8のようになります。

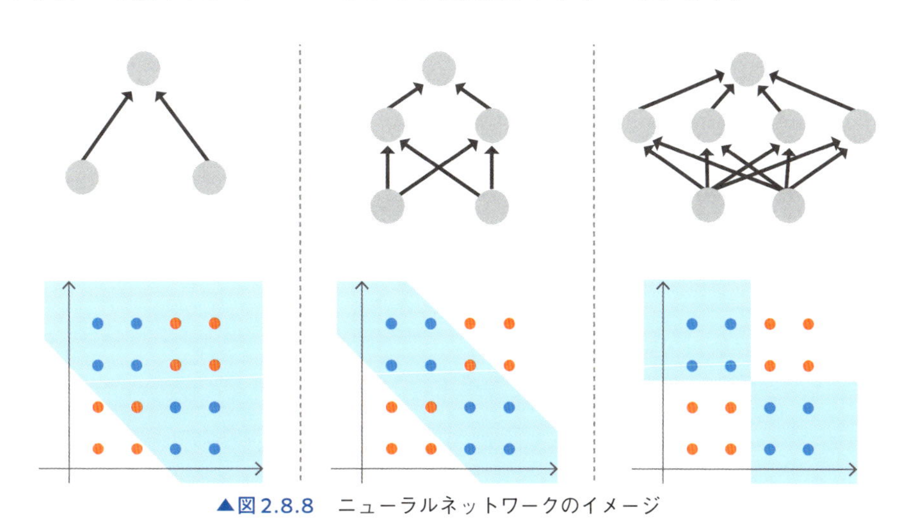

▲図2.8.8　ニューラルネットワークのイメージ

サンプルコード

「概要」のMNISTのデータを読み込んで学習データと検証データに分割し、学習データを用いてモデルを学習させ、検証データで正解率を評価します。実行するたびに違う結果となりますが、概ね95%近辺の結果になるかと思います。

▼サンプルコード

```
from sklearn.datasets import load_digits
from sklearn.neural_network import MLPClassifier
from sklearn.model_selection import train_test_split
from sklearn.metrics import accuracy_score

# データ読み込み
data = load_digits()

X = data.images.reshape(len(data.images), -1)
y = data.target
```

```
X_train, X_test, y_train, y_test = train_test_split(X, y, test_size=0.3)


model = model = MLPClassifier(hidden_layer_sizes=(16, ))
model.fit(X_train, y_train)  # 学習
y_pred = model.predict(X_test)
accuracy_score(y_pred, y_test)  # 評価
```

```
0.95185185185185184
```

詳細

ニューラルネットワークは中間層の数を増やす、中間層のノードの数を増やといった方法で、複雑なデータを表現することができます。しかし、モデルが複雑になると過学習しやすくなってしまいます。ここでは、過学習を防ぐ手法の1つとして、アーリーストッピング（Early Stopping）という手法を紹介します。

アーリーストッピング

アーリーストッピングは過学習になる前で学習を打ち切ることで、過学習を防ぐ、というものです。正則化と比較すると、少し風変わりに感じるかもしれません。

アーリーストッピングでは、学習データの一部を学習中の評価データとさらに分けます。また、学習の最中に評価データを用いて損失などの評価指標を逐次記録しておき、学習の進行度合いがわかるようにします。学習中に評価データでの損失が悪化を始め、過学習の傾向が見え始めたら学習を打ち切り、学習を終えます。このようにして、過学習する前に学習を打ち切るのがアーリーストッピングです。

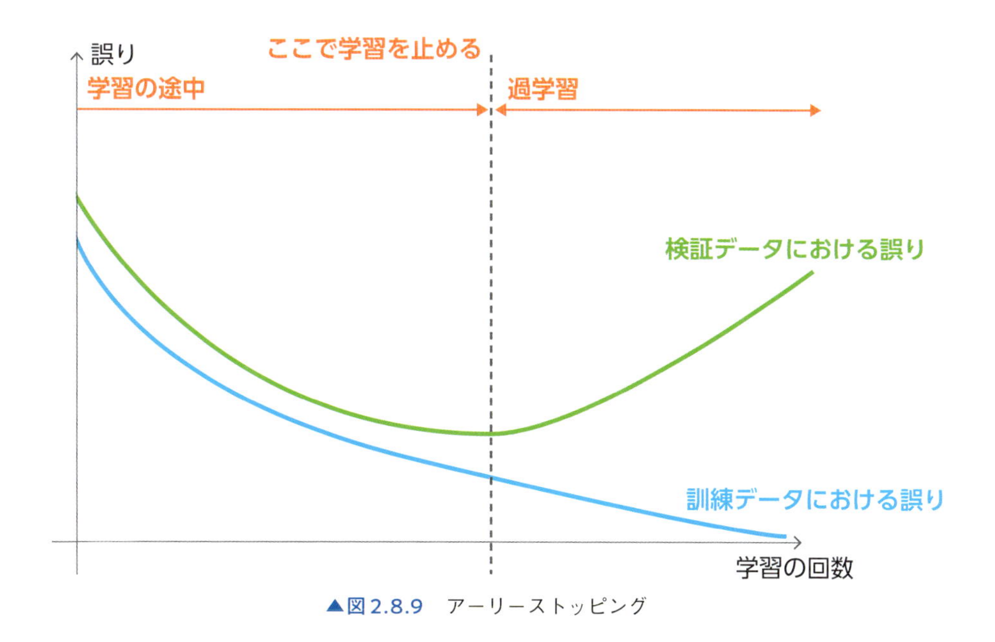

▲図 2.8.9　アーリーストッピング

ニューラルネットワークの学習を効率的に進めるためには、これ以外にもさまざまなテクニックが用いられます。本書では詳細に立ち入ることはしませんので、scikit-learnのドキュメントやおすすめの書籍を参考にしてください。

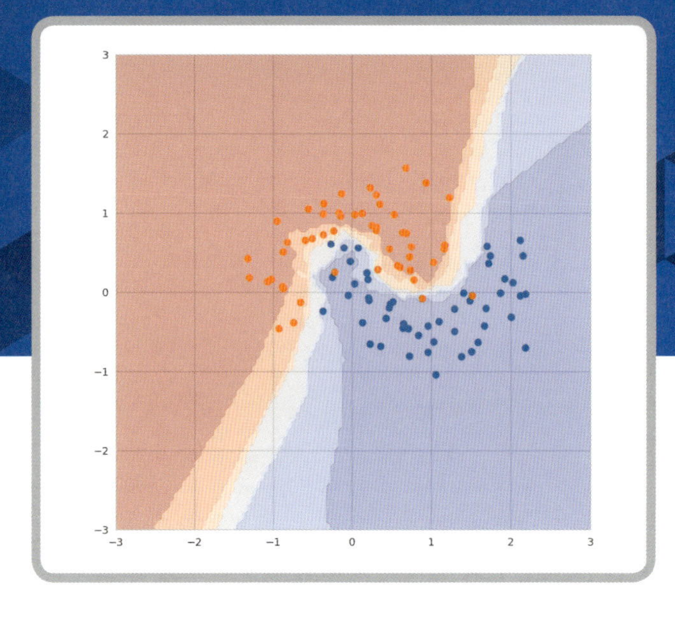

09 kNN

kNN（k-Nearest Neighbor method、k近傍法）は学習アルゴリズムが学習データを文字通り覚えるだけという一風変わったアルゴリズムです。
歴史的には古くから知られている単純なものですが、複雑な境界を学習できるアルゴリズムです。

 概要

kNNは分類と回帰のどちらにも使えるアルゴリズムです。本節では二値分類を例に説明します。kNNでは学習時にすべての学習データを、文字通り記憶します。他のアルゴリズムでは、「学習データから最適なパラメータを計算する」という学習部分と「計算した学習パラメータを使って予測を行う」という予測部分があるのに対し、このアルゴリズムでは学習部分に該当するものがなく、予測時まで具体的な計算を行わない点は少し趣が異なっています。

未知のデータの分類時には、学習データとの距離を計算して、近傍のk個の点がどちらになっているかの多数決を行って分類を行います。

kNNは単純なアルゴリズムですが、複雑な境界のデータに対しても適用できるアルゴリズムです。複雑な境界のデータに対してkNNを適用した結果を図2.9.1に示します。

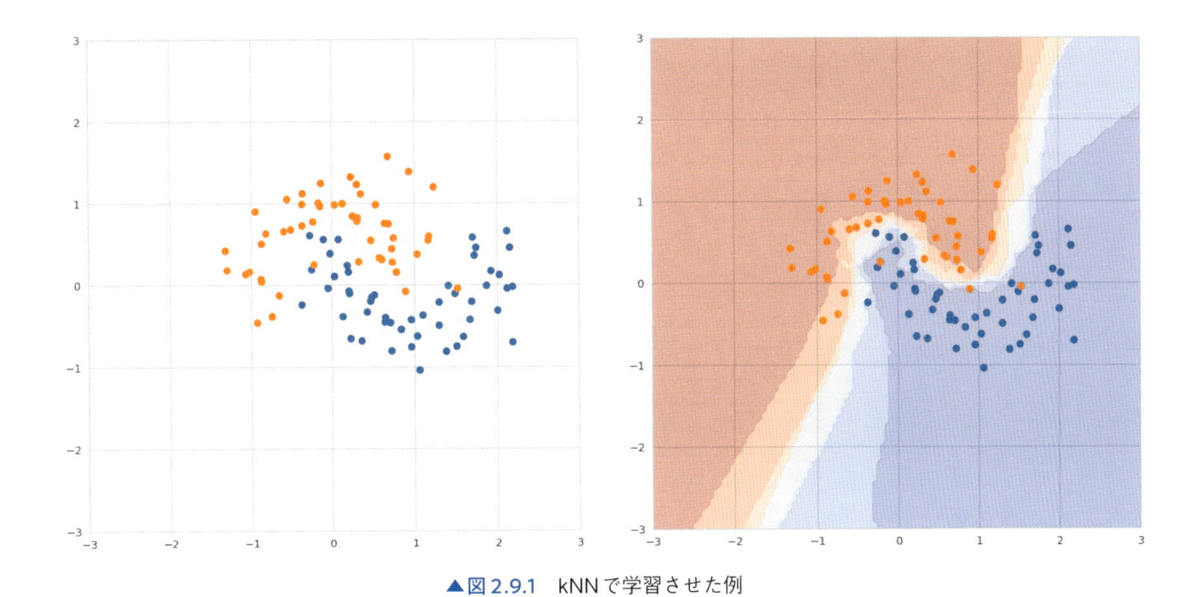

▲図 2.9.1　kNN で学習させた例

図2.9.1ではオレンジ色と青色の2つのラベルの学習データを示しています。右の図では散布図中のすべての点を2つのラベルに分類した結果をヒートマップで表示させています。近傍点の個数kは5としました。ヒートマップにおいて、それぞれの座標の色は近傍のk個の点のラベルの割合を表します。濃い赤の箇所は近傍のk個の点のラベルがすべてオレンジになる箇所で、そこから1対1に近づくにつれ、色が薄くなっています。これは青色も同様です。

この結果から、複雑なデータに対して学習できていることがわかります。

 アルゴリズム

kNNでは学習時にはデータを文字通り覚えるという単純なアルゴリズムです。学習データを用いて未知の入力データを分類する際の動作は次のようになります。

1. 入力データと学習データの距離を計算する
2. 入力データに近い方からk個の学習データを取得する
3. 学習データのラベルで多数決を行い、分類結果とする

多数決を行っている様子を図2.9.2に示します。図中では近傍点の個数kを3にしています。

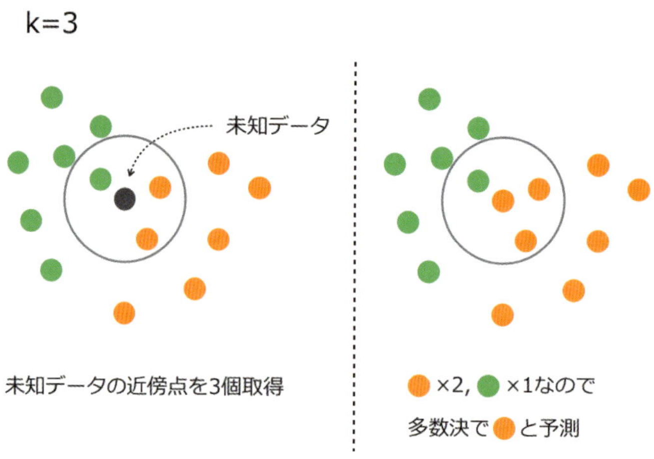

▲図 2.9.2　多数決による分類

近傍点の個数kはハイパーパラメータです。二値分類の場合にはkを奇数にとり、多数決の結果がどちらかに決まるようにすることが一般的です。

サンプルコード

サンプルコードでこれを確かめてみましょう。曲がったように分布するサンプルデータを用いて学習し、分類問題を解きます。近傍点の個数kはデフォルト値の5を用います。

▼サンプルコード

```
from sklearn.neighbors import KNeighborsClassifier
from sklearn.datasets import make_moons
from sklearn.model_selection import train_test_split
from sklearn.metrics import accuracy_score

# データ生成
X, y = make_moons(noise=0.3)
X_train, X_test, y_train, y_test = train_test_split(X, y, test_size=0.3)

model = KNeighborsClassifier()
model.fit(X_train, y_train)  # 学習
y_pred = model.predict(X_test)
accuracy_score(y_pred, y_test)  # 評価
```

```
0.9333333333333335
```

詳細

kの値による決定境界の違い

kNNにおいてkの値はハイパーパラメータになっています。kの値を変更して認識の様子がどのように変化するか見てみましょう。

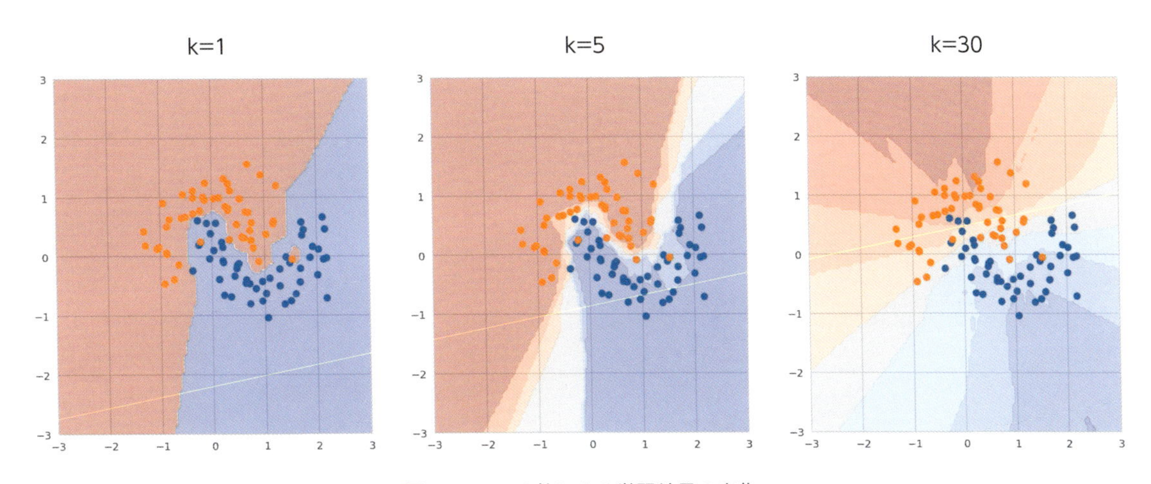

▲図2.9.3　kの値による学習結果の変化

図2.9.3は左側がk=1で、真ん中がk=5、右側がk=30の図です。k=1では飛び地のように決定境界ができていることが見て取れます。これではデータに過学習してしまっています。中央の図では決定境界が滑らかになっています。k=1のときに見られた飛び地が見て取れませんので、k=1よりもk=5の方が良さそうです。一方、k=30の場合には背景がオレンジの箇所に青い点がかなり入り込んでしまっています。これは境界をマイルドにしすぎて誤判定してしまっています。

このように、kの値によって学習できる決定境界の様子が変わります。最適なkの値は他のアルゴリズムと同様にチューニングが必要です。

注意点

kNNはデータ数が小さい場合や次元が小さい場合にはうまく動きますが、これらが大きい場合には別の手法の検討が必要です。

まずデータ数が大きい場合についてですが、大量の学習データを扱おうとすると分類が遅くなってしまいます。kNNでは、未知のデータの分類を行うために大量の学習データに対して近傍探索を行い、最も距離の近いものを求める必要があるためです。これは同時に大量の学習データを保持する必要があることを意味するため、記憶容量も必要になります。近傍探索を効率的に行うために、学習データを木構造を用いて記憶するという手法がよく使われますが、一般的には大規模な学習データを扱う場合にkNNは向きません。

また、次元の高いデータではうまく学習できません。kNNが機能するためには「学習データを多くすれば、未知のデータの近くに学習データが見つかるようになる」という仮定を前提としています。この仮定は漸近仮定と呼ばれていますが、高次元のデータではこれは必ずしも成立しません。次元が高くなりがちな、音声や画像データでは別の手法の検討が必要です。

冒頭で記したように木構造を用いると近傍探索の速度は改善できますが、大規模なデータに対しては別のアルゴリズムを用いる方が良いでしょう。

第3章

教師なし学習

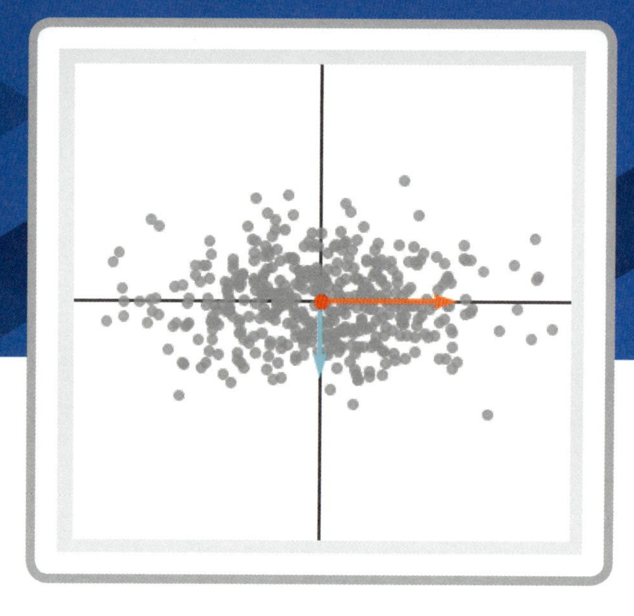

10 PCA

数ある次元削減手法の中でも、主成分分析（Principal Component Analysis）は歴史が深く、さまざまな分野で利用されています。
主成分分析を使うことで、相関のある多変量データを主成分で、簡潔に表現することができます。

 概要

主成分分析は、データの変数を削減するために使われる手法です。変数間に相関があるデータに対して有効で、代表的な次元削減の手法となります。次元削減は、「たくさんの変数を持つデータを、特徴を保ちながら少数の変数で表現する」という意味です。これは、多変量データ解析で複雑さの軽減に役立ちます。例えば変数が100個あるデータを分析する場合、そのまま分析するよりも、もしそれが5個の変数で表現することができればその後の分析が楽になります。

この変数を減らす方法としては、2通りが考えられます。1つは、「重要な変数のみを選択し、残りの変数は使用しない」という方法。そしてもう1つは、「元データの変数から、新たな変数を構成する」というものです。そして、主成分分析は、後者の方法を用いてデータの変数を削減します。

つまり、主成分分析によって高次元空間で表現されるデータをより低次元の変数で説明するこ

とができます。この低次元の軸は**主成分**と呼ばれ、元の変数の線形和の形で構成されます。

主成分を求めるための具体的なアルゴリズムは次の「アルゴリズム」で説明します。ここでは概要をつかむために図を使いながら説明します。

主成分分析では、対象データにおける**方向**と**重要度**を見つけます。図3.1.1 (a) の散布図に対して、主成分分析を適用すると、直交する2つの線を引くことができます。このときの線の向きがデータの**方向**、長さが**重要度**を表しています。この**方向**は、新たな変数を構成する際に、対象データの変数をどのくらい重み付けするかによって決まります。また、**重要度**は、変数のばらつきに関係があります。データ点ごとに同じような値をとるような変数はあまり重要ではありませんが、データ点ごとにさまざまな値をとるような変数は、そのデータ全体の情報をよく表現しています。

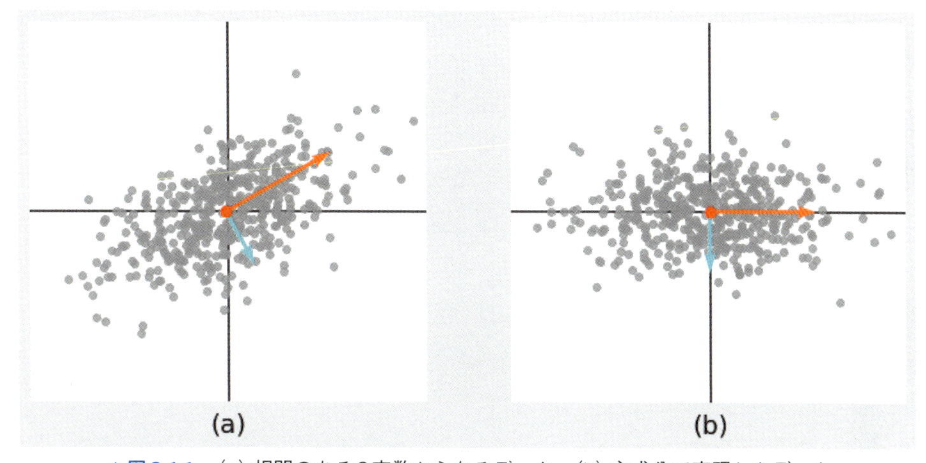

▲図 3.1.1 (a) 相関のある2変数からなるデータ (b) 主成分で表現したデータ

これらの線を新たな軸として、元データを変換したものが図3.1.1 (b) で、変換されたデータのことを**主成分得点**といいます。また、主成分のうち重要度の大きい軸の値から順に、第一主成分、第二主成分といいます。変換後の図を見てみると、第一主成分方向に分散が大きく、第二主成分方向は分散があまり大きくありません。主成分分析によって、主成分分析で計算される第一主成分は、分散を最大化するような軸になっているため、元データの情報を多く含んだ新たな軸で表現することができます。

アルゴリズム

主成分分析では以下のような手順で、主成分を求めます。

1. 分散共分散行列を計算する
2. 分散共分散行列に対して、固有値問題を解き、固有ベクトル、固有値を求める
3. 各主成分方向にデータを表現する

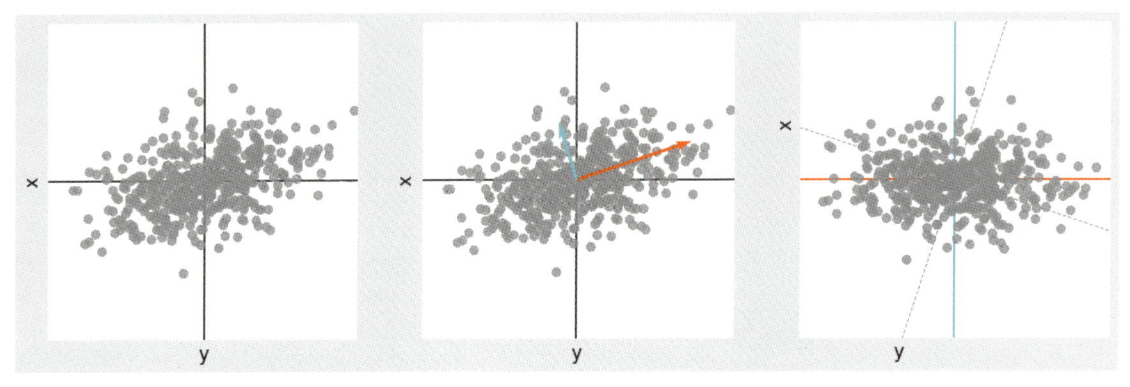

▲図 3.1.2　主成分分析のアルゴリズム

固有値問題とは、n次正方行列Aに対して$A\mathbf{x}=\lambda\mathbf{x}$となるような$\lambda,\mathbf{x}$を求める問題のことです。分散共分散行列に対して固有値問題を解くことが、「分散を最大化するような直交する軸を求める」という問題と数学的に等しいものになっています。

$A\mathbf{x}=\lambda\mathbf{x}$という式について考えてみましょう。左辺は行列とベクトルの積です。具体例として、次のようなベクトルx_1, x_2に、行列Aをかけます。

$$x_1=\begin{pmatrix}1\\1\end{pmatrix}, x_2=\begin{pmatrix}2\\-1\end{pmatrix}$$

$$A=\begin{pmatrix}3&1\\2&2\end{pmatrix}$$

$$Ax_1=\begin{pmatrix}3&1\\2&2\end{pmatrix}\begin{pmatrix}1\\1\end{pmatrix}=\begin{pmatrix}4\\4\end{pmatrix}$$

$$Ax_2=\begin{pmatrix}3&1\\2&2\end{pmatrix}\begin{pmatrix}2\\-1\end{pmatrix}=\begin{pmatrix}5\\2\end{pmatrix}$$

行列をかけることによって、x_1, x_2は、それぞれ、$(4,4), (5,2)$に変換されており、これを図示

したものが図3.1.3です。このように、行列はベクトルに対して、大きさや方向を変換する役割を持っていますが、この変換で方向が変わらないベクトルが存在することがあります。このようなベクトルをAの固有ベクトル、そのときに大きさを変換する値を固有値といいます。

図3.1.3を見ると、赤線で示した変換後のベクトル(4, 4)は、元のベクトルと一直線上にあります。これは、「行列Aをかける」という変換が、「定数4をかける」と同じであることを意味しています。

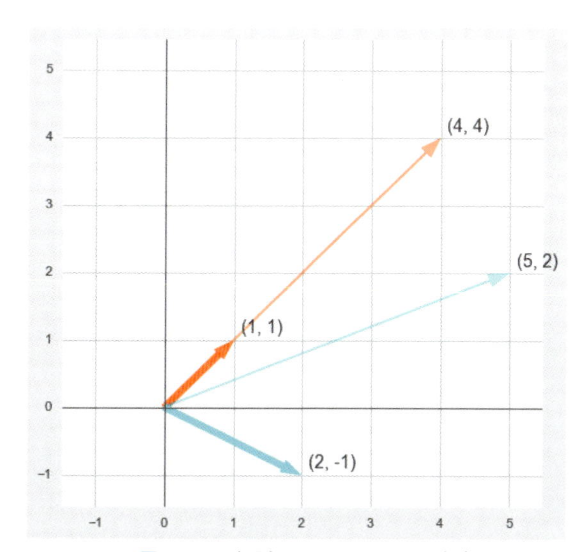

▲図 3.1.3　行列によるベクトルの変換

さて、主成分分析において、行列Aは分散共分散行列です。分散共分散行列に対して固有値問題を解き、固有値と固有ベクトルの組み合わせが複数計算されます。このとき固有値の大きい順に並べた固有ベクトルが、第一主成分, 第二主成分, ... に対応しています。

「概要」で説明した**方向**と**重要度**は, 固有値問題における**固有ベクトル**と**固有値**に関連しています。

また、各主成分ごとに計算される固有値を固有値の総和で割ると、主成分の重要度を割合で表すことができます。このときの割合を**寄与率**といい、各主成分がデータをどのくらい説明しているかを表しています。また、寄与率を第一主成分から順に足していったものを累積寄与率といいます。

サンプルコード

scikit-learnに同梱されているアヤメデータを使用したPCAのコードです。4つある説明変数を、ここでは2つの主成分に変換しています。

▼サンプルコード

```
from sklearn.decomposition import PCA
from sklearn.datasets import load_iris


data = load_iris()
n_components = 2  # 削減後の次元を2に設定
model = PCA(n_components=n_components)
model = model.fit(data.data)

print(model.transform(data.data))  # 変換したデータ
```

```
[[-2.68420713  0.32660731]
 [-2.71539062 -0.16955685]
 [-2.88981954 -0.13734561]
  ~ 略 ~
 [ 1.76404594  0.07851919]
 [ 1.90162908  0.11587675]
 [ 1.38966613 -0.28288671]]
```

詳細

主成分の選び方

主成分分析によって、元データの変数を新たな軸である主成分で表現することができました。この主成分は、第一主成分、第二主成分、...と、寄与率の大きい順に並んでいます。このとき、累積寄与率を計算することで、何番目の主成分まで使うと、元のデータを何%の情報まで含むことができるかを知ることができます。

以下は、横軸に主成分、縦軸に累積寄与率をとった図です。Aは変数間に相関があるデータに対して主成分分析を行ったものです。このときの累積寄与率は、0.36、0.55、0.67、0.74、0.80...となっています。累積寄与率を基準に主成分を選ぶ場合、「累積寄与率が0.7以上」→「主成分4つ」、「累積寄与率が0.8以上」→「主成分5つ」というように、基準の値から主成分の数を決めることができます。

一方で、Bは相関の無いデータに対して主成分分析を行ったもので、主成分ごとの寄与率がほとんど変わらないことがわかります。このようなデータに対しては、そもそも主成分分析での次元削減が適切でないといえるので、手法を見直す必要があります。

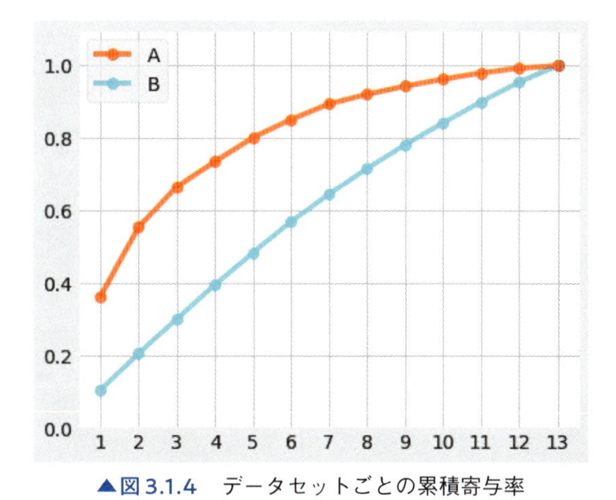

▲図 3.1.4　データセットごとの累積寄与率

参考文献
Smith, L.I, A tutorial on principal components analysis. Cornell Univ(2002)
株式会社日経リサーチ . 主成分分析 , Retrieved February 6, 2019, from https://www.nikkei-r.co.jp/glossary/id=1632

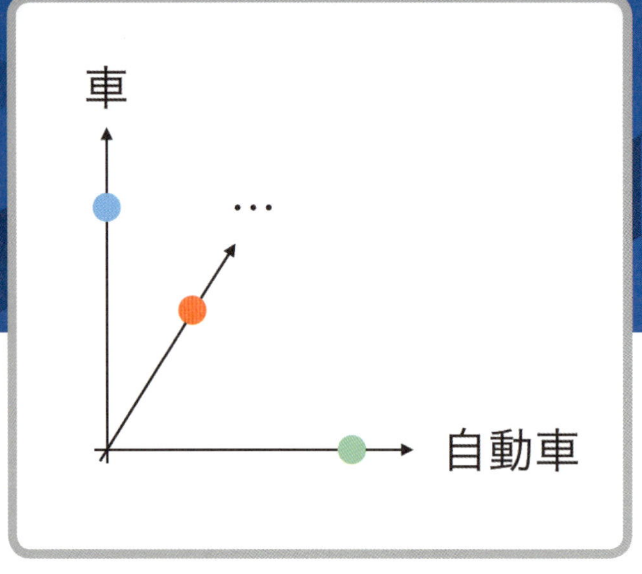

11 LSA

自然言語処理の一技術として提案されたLSA (Latent Semantic Analysis) は、次元削減手法として、情報検索の分野で活躍しました。
LSAによって、大量の文書データから、単語がもつ潜在的な関連性を見つけ出すことができます。

 概要

LSAは、1988年にScott Deerwesterらによって提案された手法で、情報検索の分野で利用されてきました。当時の情報検索では、あらかじめ検索対象の文書に含まれる単語を使って、文書に索引 (index) をつけておき、索引と検索キーワードが一致するときに、その文書を検索結果として表示するということが行われていました。

しかし、この方法では、検索対象につけられた索引が、検索キーワードと少しでも異なる場合、うまく情報を見つけることができないという課題がありました。例えば、「車」という索引がついた記事は、「自動車」という検索キーワードでは、検索結果に表れないといった問題が発生してしまいます (同義性の問題)。「車」と「自動車」がほとんど同じ意味の単語であるということを我々人間は理解しているのですが、「この単語とこの単語は似ている意味だ」ということをコンピュータに一つひとつ教えるのは現実的ではありません。

LSAを利用することで、大量の文書から自動的に単語と単語の類似度、また、単語と文書の類似度を計算することができます。

文書と単語の行列をLSAによって次元削減し、**潜在的な意味空間**へ変換することができます(図3.2.1)。この変換には行列分解を用います。行列分解は、ある行列を複数の行列の積で表すことをいいます。行列分解が教師なし学習の次元削減とどのように関連しているのかは、次の「アルゴリズム」でみてみましょう。

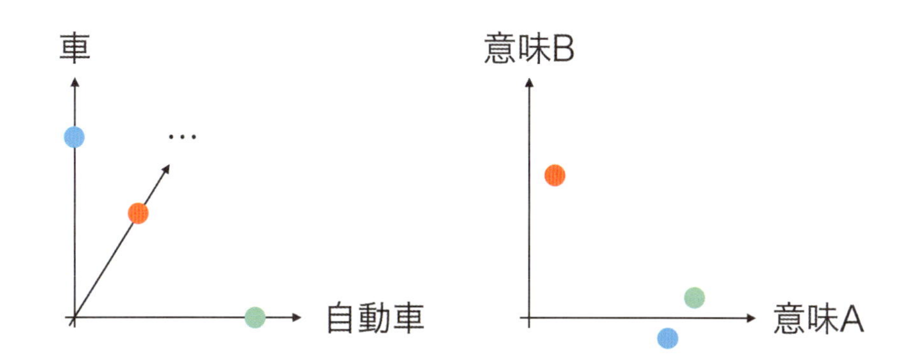

▲図3.2.1 潜在的な意味空間のイメージ。単語空間では、車も自動車も直交する次元として扱われるが、意味空間上では、似ている単語として表すことができる。

アルゴリズム

行列分解と次元削減について、具体例とともに説明します。

まず、以下の文を行列Xに変換します。行列Xの各要素は、文書中に出現した単語の数を表しています。

・自動車で会社に行く
・車で行った
・レストランでハンバーグを食べる
・レストランのパスタを食べる

	文書1	文書2	文書3	文書4
自動車	1	0	0	0
会社	1	0	0	0
行く	1	1	0	0
車	0	1	0	0
レストラン	0	0	1	1
ハンバーグ	0	0	1	0
食べる	0	0	1	1
パスタ	0	0	0	1

▲表 3.2.1　文書中に出現した単語の数

天下り的ですが、先に行列Xを行列分解をした結果を見てみましょう。8行4列のXを、8行8列のU、4行4列の行列D、4行4列の行列V^{T}の積で表しています。

$$X = UDV^{\mathrm{T}}$$
$$= \begin{bmatrix} 0.00 & -0.45 & -0.45 & 0.00 \\ 0.00 & -0.45 & -0.45 & 0.00 \\ \vdots & \vdots & \vdots & \vdots \\ -0.32 & 0.00 & 0.00 & -0.71 \end{bmatrix} \times \begin{bmatrix} 2.24 & 0 & 0 & 0 \\ 0 & 1.90 & 0 & 0 \\ 0 & 0 & 1.18 & 0 \\ 0 & 0 & 0 & 1.00 \end{bmatrix} \times \begin{bmatrix} 0.00 & 0.00 & -0.71 & -0.71 \\ -0.85 & -0.53 & 0.00 & 0.00 \\ -0.53 & 0.85 & 0.00 & 0.00 \\ 0.00 & 0.00 & 0.71 & -0.71 \end{bmatrix}$$

これらの行列は以下のような役割を持っています。Uは「単語と要約された特徴量の変換情報を持つ行列」、Dは「情報の重要度を持つ行列」、Vは「要約された特徴量と文書の変換情報を持つ行列」です。

また、Dは$(1, 1), (2, 2)$などの要素以外が0になっている対角行列であり、対角成分には情報の重要度が大きい順に並んでいます。3つの行列を利用して次元削減する場合は、このDに注目します。元のデータは4個の特徴量を持っていましたが、2個の特徴量に次元削減したい場合を考えましょう。

4個あるDの値から重要度が大きいものを2個選び、2行2列の対角行列を作ります。このDに合わせて、Uの対応する3列目と4列目を削除し、V^{T}の対応する3行目と4行目を削除して、それぞれ8行2列、2行4列の行列に変形します。

$$\hat{X} = \hat{U}\hat{D}\hat{V}^{\mathrm{T}}$$
$$= \begin{bmatrix} 0.00 & -0.45 \\ 0.00 & -0.45 \\ \vdots & \vdots \\ -0.32 & 0.00 \end{bmatrix} \times \begin{bmatrix} 2.25 & 0 \\ 0 & 1.90 \end{bmatrix} \times \begin{bmatrix} 0.00 & 0.00 & -0.71 & -0.71 \\ -0.85 & -0.53 & 0.00 & 0.00 \end{bmatrix}$$

これらの行列の積である$\hat{X}$は、元の行列Xの近似になっています。Dの値のうち、半分の2個しか使っていないにもかかわらず、$\hat{X}$は元の情報をある程度保った状態になっています。

次元削減手法として利用する場合は、元の特徴量の形式に変形する前（$\hat{V}^{\mathrm{T}}$をかける前）の$\hat{U}\hat{D}$を使います。$\hat{U}\hat{D}$は8行2列の行列であり、要約された特徴量の中から重要度の高い2つの特徴量を選んだものという解釈をすることができます。

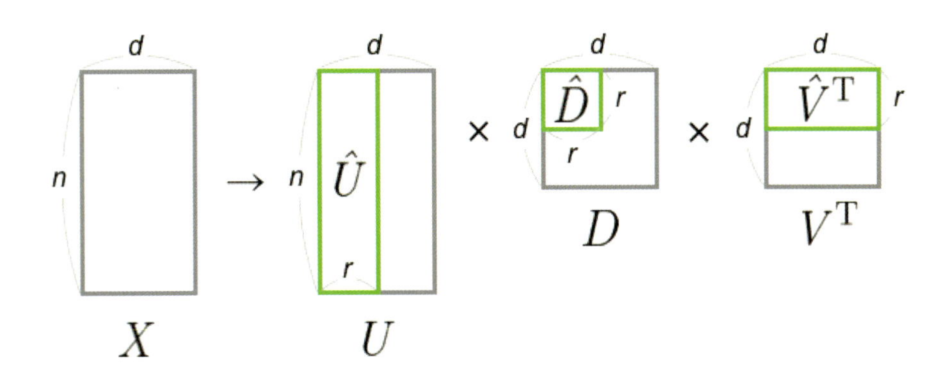

▲図 3.2.2　n行d列のXを行列分解したときの模式図。r個の特徴量に次元削減する場合は、$\hat{U}\hat{D}$を利用する。

$\hat{U}\hat{D}$の具体的な値を見てみましょう。ここで要約された2つの特徴量をA, Bとしています。A, Bは明示的な意味を持たないのですが、単語の関連性などを元に作られた潜在的な意味を持つ特徴量です。

潜在的な意味空間で表した単語

	A	B
自動車	0.00	0.85
会社	0.00	0.85
行く	0.00	1.38
車	0.00	0.53
レストラン	1.41	0.00
ハンバーグ	0.71	0.00
食べる	1.41	0.00
パスタ	0.71	0.00

▲表 3.2.2　2つの特徴量

自動車と車は変数Bに値をもち、ハンバーグとパスタは変数Aに値をもっています。A, Bという特徴量で表すことで、各単語の関連性を示すことができました。

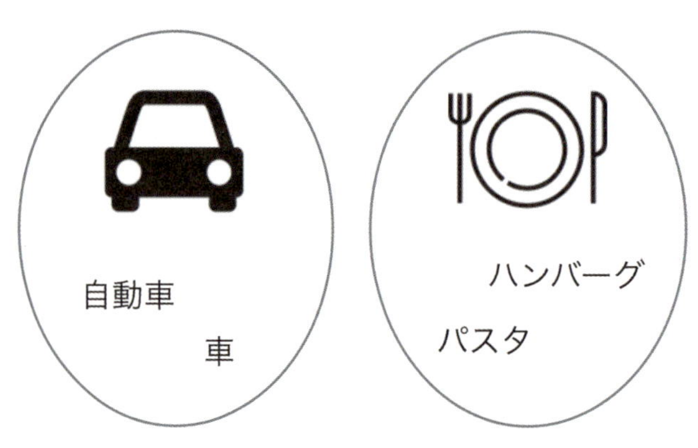

▲図 3.2.3　潜在変数による単語の表現

サンプルコード

前節の問題をPythonコードで記述したものが以下になります。8個の変数（=単語の数）で表していたものを2個の潜在変数で表わしています。

▼サンプルコード

```
from sklearn.decomposition import TruncatedSVD

data = [[1, 0, 0, 0],
        [1, 0, 0, 0],
        [1, 1, 0, 0],
        [0, 1, 0, 0],
        [0, 0, 1, 1],
        [0, 0, 1, 0],
        [0, 0, 1, 1],
        [0, 0, 0, 1]]

n_components = 2  # 潜在変数の数
model = TruncatedSVD(n_components=n_components)
model.fit(data)

print(model.transform(data))  # 変換したデータ
print(model.explained_variance_ratio_)  # 寄与率
print(sum(model.explained_variance_ratio_))  # 累積寄与率
```

```
[[ 0.00000000e+00  8.50650808e-01]
 [ 0.00000000e+00  8.50650808e-01]
 [-1.08779196e-15  1.37638192e+00]
 [-1.08779196e-15  5.25731112e-01]
 [ 1.41421356e+00  8.08769049e-16]
 [ 7.07106781e-01  2.02192262e-16]
 [ 1.41421356e+00  8.08769049e-16]
 [ 7.07106781e-01  6.06576787e-16]]
```

```
[0.38596491 0.27999429]
```

```
0.6659592065833297
```

また、PCAのときと同様に、変換後の行列が元の情報をどのくらい含んでいるのかも調べることができます。scikit-learnを利用した上記のコードでは、累積寄与率が0.67となっており、2個の変数で、元のデータの67%が説明できていることがわかります。

詳細

LSAの注意点

アルゴリズムの節で説明した行列分解は、特異値分解という手法です。この特異値分解を利用したLSAは、情報検索への応用で注目され、文書を新たな空間で表現できるなど、さまざまな利点をもっています。しかし、実際の利用にはいくつか注意が必要です。

1つは変換後の行列の解釈が難しい場合があることです。特異値分解による次元削減では、各次元が直交していたり、行列の要素が負の値を持つことがあるため、後の章で説明するNMFやLDAなどの方が結果の解釈が容易なことが多いです。

また、計算コストが非常にかかる場合があります。特に文書に対して利用する場合は、元の行列の次元数が単語の種類数になるため、非常に大きな行列に対して特異値分解を行う必要があります。

計算コストに関連して、新しい単語が追加されると、元の行列を作り直した上で再計算する必要があるため、モデルの更新が難しいという問題もあります。

参考文献
Deerwester, S., Dumais, S.T., Furnas, G.W., Landauer, T.K. and Harshman, R, Indexing by LatentSemantic Analysis. Journal of the American Society for Information Science 41, 391-407(1990)

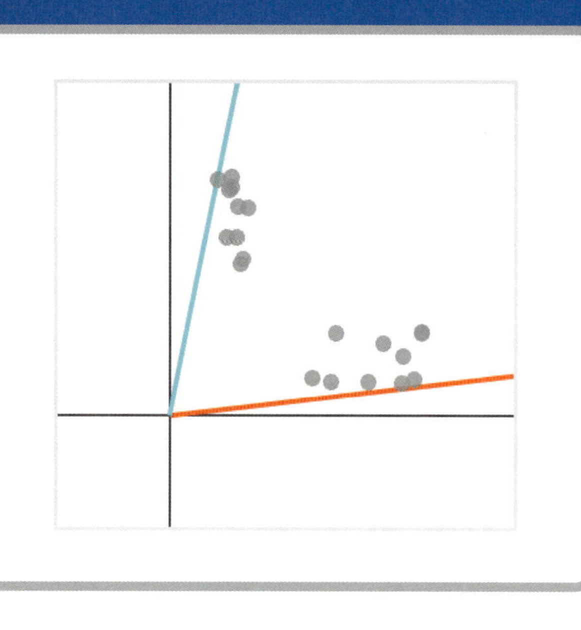

12 NMF

NMF（Non-negative Matrix Factorization）は、入力データ、出力データの値がすべて非負であるという性質をもった次元削減手法です。
この性質は画像データなどを扱う際に、モデルとして解釈しやすいという利点があります。

 概要

NMFは、行列分解手法の1つで、コンピュータビジョンやテキストマイニング、レコメンデーションなど、さまざまな分野で利用されています。LSAのように、ある行列の潜在的な変数を見つけ出すことができますが、NMFは元の行列の成分がすべて非負（つまり0以上）の場合にのみ適用できるアルゴリズムです。NMFは次のような特徴があります。

- 元の行列の要素が非負である
- 分解後の行列の要素が非負である
- 潜在意味空間の各次元が直交するという制約をもたない

これらの性質は、実際のデータに適用する場合に、いくつかの利点を持っています。1つは、分析結果が解釈しやすいことです。例えば、文書データに適用する際に、文書が潜在変数の足し

算で表現できるため、文書をNMFによって次元削減し、そのときの潜在変数をトピックとみなすことで、「ある文書は、トピックAが0.5、トピックBが0.3、...」のように文書の情報を説明することができます。実際の文書（ニュース記事や論文など）も、複数のトピックを含んでいることがあるため、文書のモデル化として解釈がしやすいです。一方で、潜在変数が負の値を持つ場合、「トピックAが－0.3、トピックBが0.6、...」のように、解釈が難しくなってしまいます。

また、NMFは潜在変数が直交するという制約を持たないため、各潜在変数がある程度重複した情報を持ちます。

前述のトピックの例では、各トピックがある程度重複した情報を持つことを意味します。これも、実際のデータに則したモデル化となっています。

図3.3.1は、二次元データに対して、NMFとPCAを適用した結果です。NMFでは、潜在空間の軸ごとに重複する情報を持っていることがわかります。この性質により、複数のまとまりがあるデータの特徴を捉えることができます。PCAなどの手法では、潜在空間の次元が直交するため、データのまとまりごとの特徴量を見つけることができません。

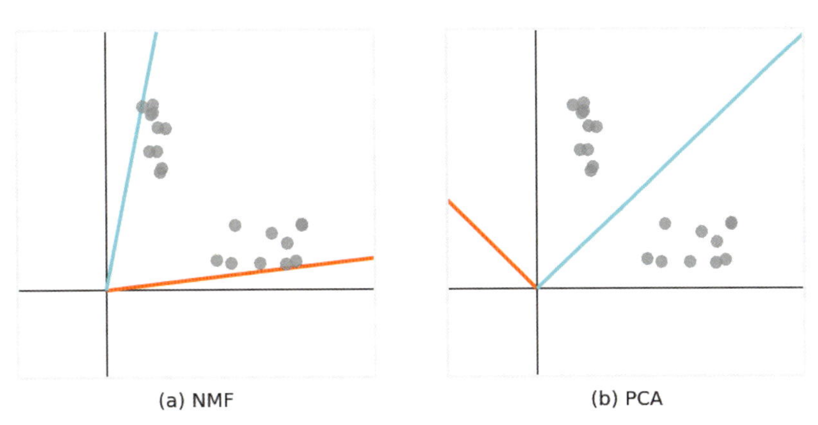

▲図3.3.1　二次元データに対して、NMFを適用した結果（a）とPCAを適用した結果（b）

アルゴリズム

行列分解手法の1つであるNMFは、元のデータを2つの行列に分解することで、次元削減を行います（図3.3.2）。ここでは、元のデータをn行d列の行列Vとしたとき、2つの行列W、Hの積で表します。Wはn行r列、Hはr行d列の行列です。WHは、元の行列Vの近似となっており、dよりも小さいrを選ぶことで次元削減を行うことができます。このとき、Wの各行がVの各行を次元圧縮したものになります。

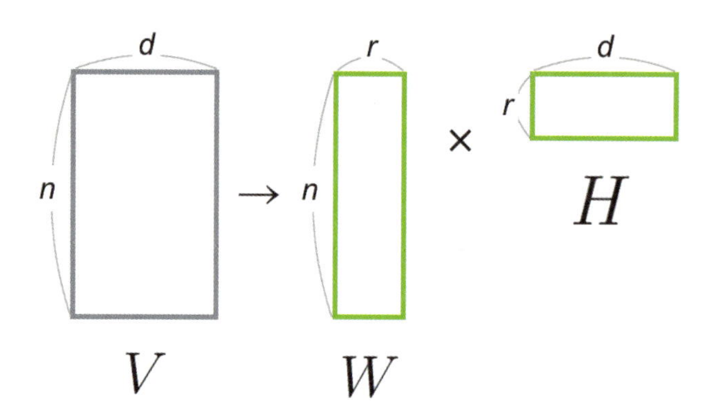

▲図 3.3.2　n行d列のVを行列分解したときの模式図。r個の特徴量に次元削減する場合は、Wを利用する。

WとHを求める際には、$W \geq 0, H \geq 0$の条件で、WHをVに近づけていきます。

このとき、「Hを定数とみなし、Wを更新」、「Wを定数とみなし、Hを更新」というようにWとHを交互に更新していきます。

以下、NMFの計算手順とそのときの様子を可視化したものです。

グレーのプロットは元の行列V、緑のプロットは近似行列WHです。計算が進むにつれて、近似行列が元の行列に近づいていくのがわかります。また、赤いラインと青いラインは潜在空間の軸で、近似行列のプロットはすべて潜在空間の軸（二次元空間）で表現されます。

・W、Hを正の値で初期化する
・Hを定数とみなし、Wを更新する
・Wを定数とみなし、Hを更新する
・W, Hが収束したら計算を止める

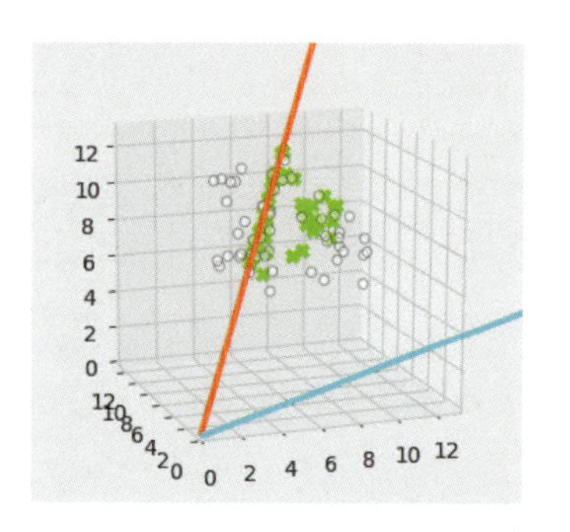
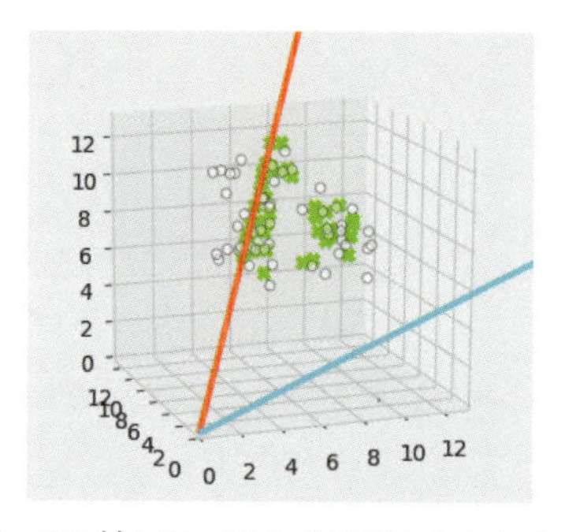
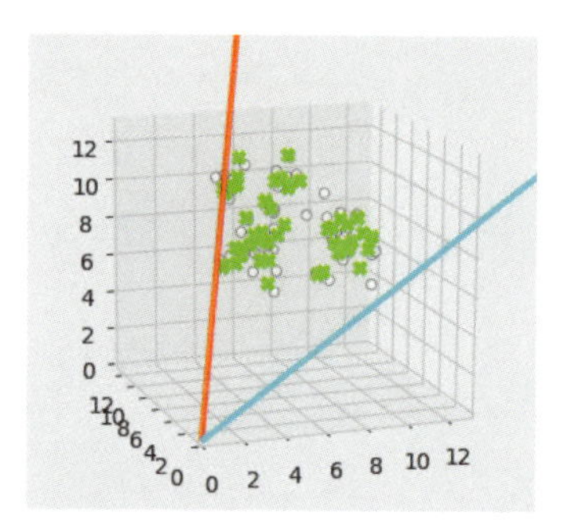

▲図 3.3.3　三次元データに対して、NMFを適用したときのパラメータ更新の様子

サンプルコード

scikit-learnを使ってNMFを実行したときのサンプルコードです。

▼サンプルコード

```
from sklearn.decomposition import NMF
from sklearn.datasets.samples_generator import make_blobs


centers = [[5, 10, 5], [10, 4, 10], [6, 8, 8]]
V, _ = make_blobs(centers=centers)  # centersを中心としたデータを生成

n_components = 2  # 潜在変数の数
model = NMF(n_components=n_components)
model.fit(V)

W = model.transform(X) # 分解後の行列
H = model.components_
print(W)
print(H)
```

```
[[0.93222442 0.51572953]
 [0.47720456 0.97821177]
 [0.95984912 0.63949264]
 ~略~
 [0.59450123 0.85559602]
 [1.31398151 0.11257937]
 [0.55687813 1.11451525]]
```

```
[[7.29377403 1.2260137  7.80020415]
 [0.         9.42217044 0.17445289]]
```

詳細

NMFとPCAの比較

NMFのアルゴリズムについて見てきましたが、ここで具体的なデータセットにNMFを適用してみます。使用するデータは、図3.3.4のような人物の顔画像（19x19ピクセル、2429枚）で、比較のため、PCAによる次元削減も実施します。どちらの手法についても、削減後は49個の変数で表現するとします。元の画像データは361個（=19x19ピクセル）の特徴量を持つため、361個の特徴量を49個の潜在変数に変換するというタスクになります。

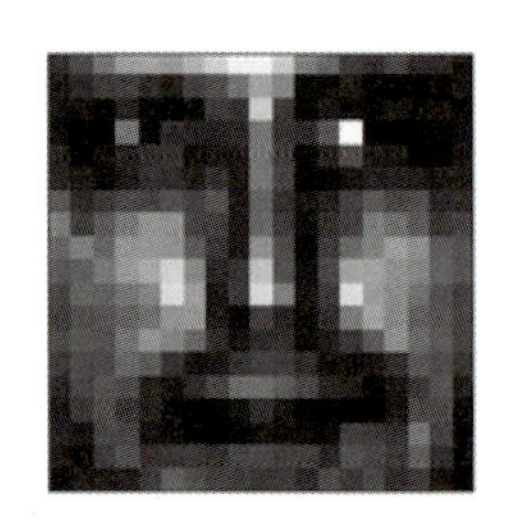

▲図3.3.4　人物の顔画像

PCAもNMFも、潜在変数は元の特徴量から計算されるので、1つの潜在変数は361個の元の特徴量との関係（NMFでは行列Hのある1行）を持っています。49個の潜在変数についてこの関係を可視化すると、図3.3.5と図3.3.6が得られます。可視化の際には、各変数の最小値と最大値を使って画像を表示できるようにスケーリングしています。元の画像を復元する場合は、変換されたあるデータ点（NMFでは行列Wのある1行）と可視化されたデータの積をとります（図3.3.7）。これは、1行49列の行列と49行361列の行列の積をとることで、1行361列の行列が得られることに相当します。

PCAの結果である図3.3.5では、負の値は暗く、正の値は明るく表示されています。左上の画像から寄与度が最も大きくなっていて、順に寄与度が小さくなっていきます。どの画像も人物の顔全体を表現しているのがわかります。NMFの結果の図3.3.6では、画像の中で暗い部分が多くなっていますが、これらは値が0になっています。また、潜在変数の一つひとつが顔の一部を表現していることがわかります。2つの手法の特徴は、元の画像を復元することを考えると違いが明確になります。PCAでは、さまざまな顔（不思議な表現ですが、負の顔と正の顔）を足し合わせることで元の画像を復元します。一方、NMFは顔の一部の情報を持った画像を組み合わせることで、元の画像を復元します。NMFの方が潜在変数の意味（ここでは顔の一部）が解釈しやすくなっています。

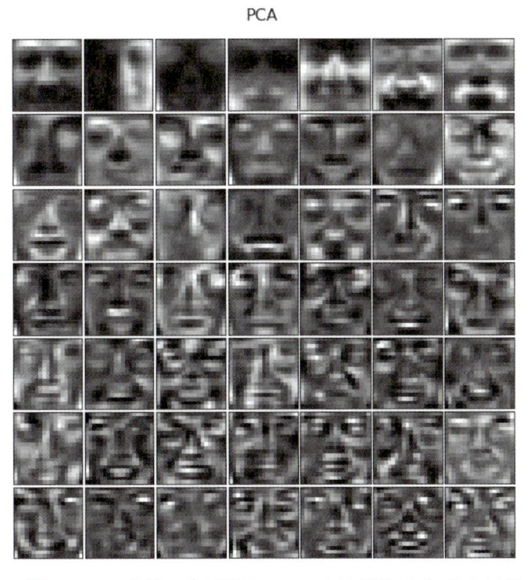

▲図 3.3.5　人物の顔画像にPCAを適用したときの結果

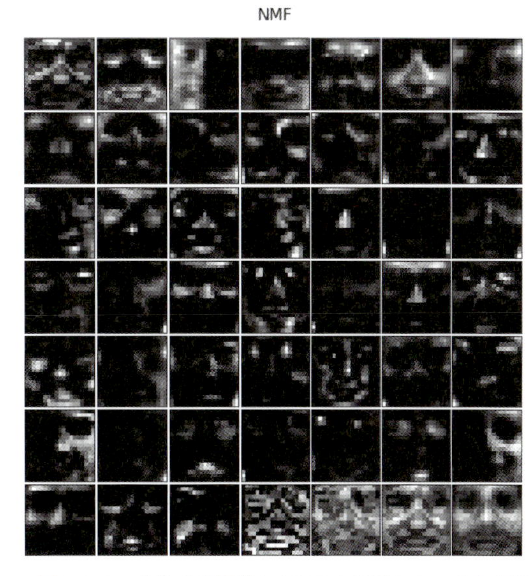

▲図 3.3.6　人物の顔画像にNMFを適用したときの結果

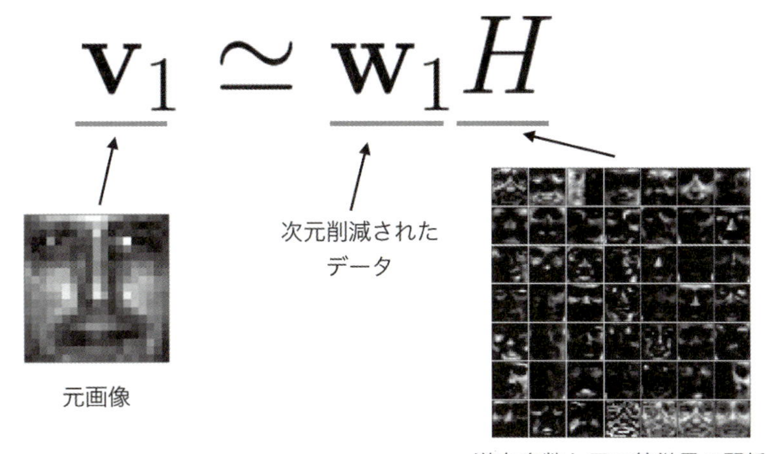

▲図 3.3.7　次元削減されたデータを復元する場合

参考文献
D. Lee and H. Seung, Algorithms for non-negative matrix factorization, Advances in neural information processing. systems 13, 556-562(2001)

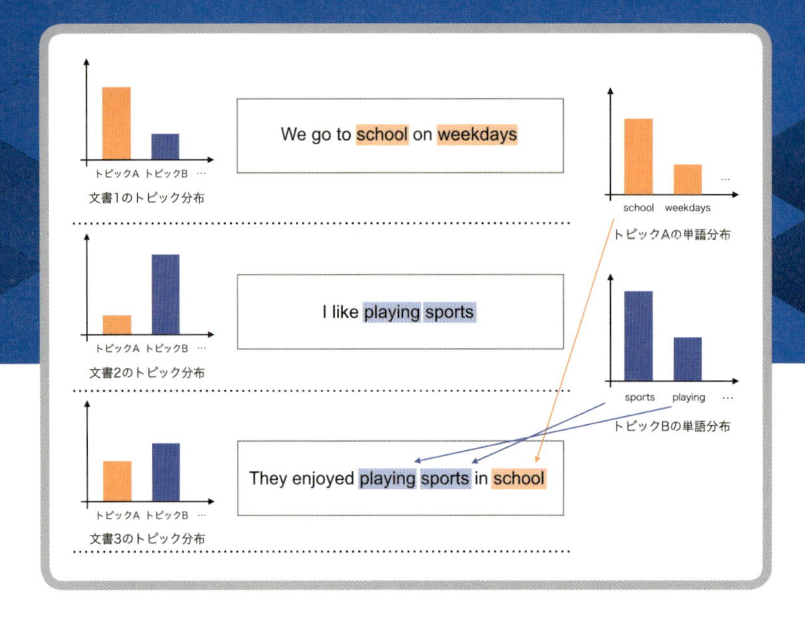

13 LDA

LDA（Latent Dirichlet allocation）は次元削減手法の1つで、文書のモデル化に適した手法です。
新聞などのニュース記事では、「スポーツ」や「教育」などのトピックを1つ、もしくは複数もっています。LDAによって、文書が持つ単語を入力データに、複数のトピックを割り当てることができます。

 概要

LDAは、自然言語処理などで利用されている手法です。文書内に存在する単語から潜在的なトピックを作成し、各文書がどのようなトピックで構成されているかを表現することができます。また、1つの文書が1つのトピックを持つのではなく、複数のトピックを持つものとして説明することができます。例えば、実際のニュース記事では、「スポーツ」と「教育」など複数の話題を含んでおり、LDAを利用することで、そのようなニュース記事をうまく表現することができます。

イメージをしやすいように、少し具体的な例を考えてみましょう。以下の5つの例文に対して、LDAを適用してみると、どのような結果が得られるでしょうか。このときのトピック数は2つとします。

1. We go to school on weekdays.
2. I like playing sports.
3. They enjoyed playing sports in school.
4. Did she go there after school?
5. He read the sports columns yesterday.

トピックとは単語に関する確率分布であるとみなされます。ここで2つのトピックA、Bを推定すると、それぞれの確率分布は図3.4.1のようになり、トピックAはschool、トピックBはsportsが特徴的な単語になります。また、文書に含まれるトピックの割合を推定することで、各文書をトピックの確率分布（トピック分布）で表現することもできます。

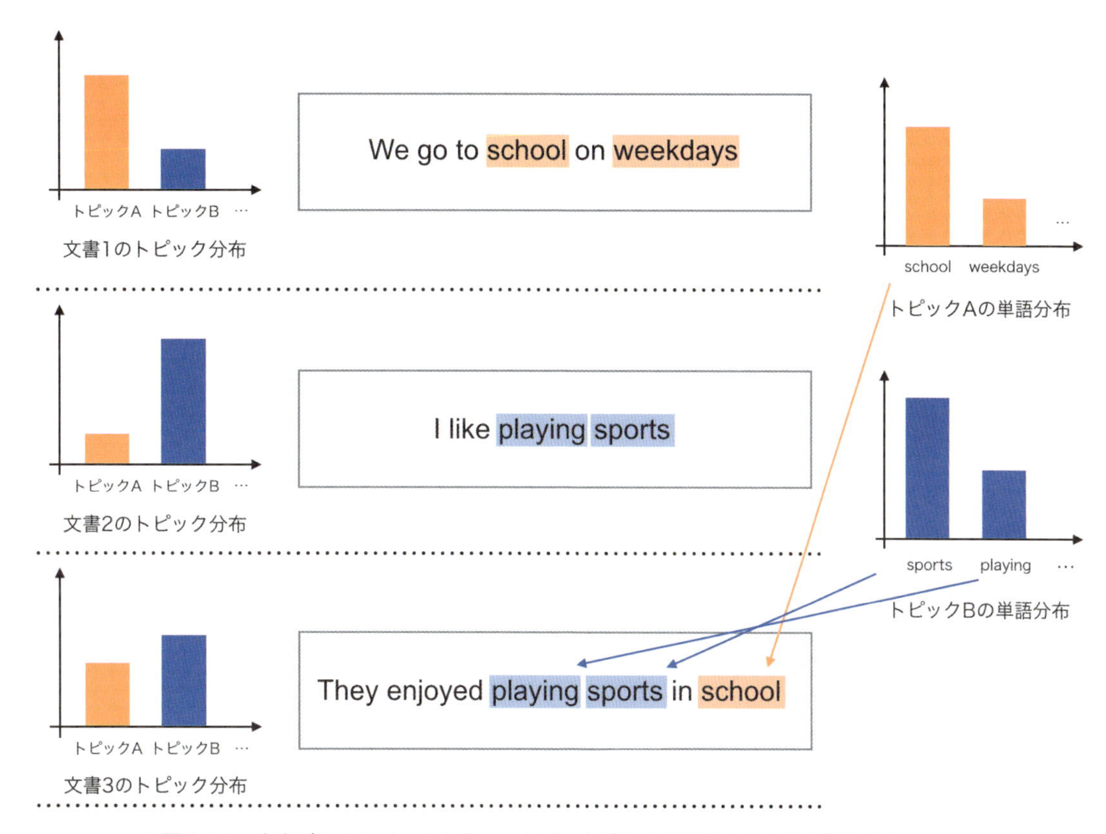

▲図3.4.1　文書ごとのトピック分布と、トピックごとの単語分布による文書生成のイメージ

図3.4.1のように、LDAは、トピック分布と単語分布を利用して文書データが生成されます。

文書内の単語は、文書が持つトピック分布に従ってトピックが割り当てられた後、そのトピックが持つ単語分布に従って選ばれます。これを繰り返すことによって、文書が生成されるようなモデルになっています。入力データからトピック分布と単語分布がどのように決まるかは、次の「アルゴリズム」で説明します。

1. 文書が持つトピック分布に従って、単語にトピックを割り当てる
2. 割り当てられたトピックの単語分布から単語を決定する
3. 以下、全ての文書に含まれる単語について、1と2を実行する

アルゴリズム

LDAは以下のように、トピック分布と単語分布を推定します。

1. 各文書の単語について、ランダムにトピックを割り当てる
2. 単語に割り当てられたトピックから、文書ごとのトピック確率を計算する
3. 単語に割り当てられたトピックから、トピックごとの単語確率を計算する
4. 2と3の積で計算される確率を元に、各文書の単語にトピックを再び割り当てる
5. 2、3、4を収束条件まで繰り返す

4で計算される確率によって、各文書の単語に対するトピックが割り当てられていきます。文書ごとのトピック確率は2で決まっているため、同じ文書内では特定のトピックが選ばれやすくなっています。よって、同じ文書内の単語は、同一のトピックが選ばれやすい傾向になります。この計算を繰り返すことで、文書に割り当てられるトピックは特定のトピックの確率が大きくなります。また、トピックごとの単語には関連したものが選ばれやすくなるため、そのトピックを代表するような単語の確率が大きくなっていきます。

サンプルコード

LDAによるトピックモデルの作成をscikit-learnで実装します。20 Newsgroupsという20種類のテーマごとにネット投稿をまとめたデータセットを用います。20種類のテーマは、alt.atheism, comp.graphicsなどで、各ネット投稿は1つのテーマに属しています。

▼サンプルコード

```
from sklearn.datasets import fetch_20newsgroups
from sklearn.feature_extraction.text import CountVectorizer
from sklearn.decomposition import LatentDirichletAllocation
```

```
# removeで本文以外の情報を取り除く
data = fetch_20newsgroups(remove=('headers', 'footers', 'quotes'))

max_features = 1000
# 文書データをベクトルに変換
tf_vectorizer = CountVectorizer(max_features=max_features,
                                stop_words='english')
tf = tf_vectorizer.fit_transform(data.data)

n_topics = 20
model = LatentDirichletAllocation(n_components=n_topics)
model.fit(tf)

print(model.components_)  # 各トピックが持つ単語分布
print(model.transform(tf))  # トピックで表現された文書
```

```
[[5.00661573e-02 5.00001371e-02 1.15548091e+01 ... 5.00000866e-02
  5.00000382e-02 5.00001268e-02]
 [5.00000042e-02 5.00000039e-02 5.00000035e-02 ... 5.00491344e-02
  5.00000045e-02 5.00000054e-02]
 [5.00000041e-02 5.00034336e-02 5.00000066e-02 ... 5.32886389e+02
  5.00000282e-02 1.07251934e+02]
 ~略~
 [5.00000064e-02 5.00000043e-02 5.00000074e-02 ... 5.00970504e-02
  5.00000045e-02 1.98535651e+00]
 [5.00000046e-02 5.00003898e-02 5.00000046e-02 ... 5.00116838e-02
  5.00000693e-02 1.12692943e+02]
 [5.00000048e-02 5.00000068e-02 5.00000047e-02 ... 6.19074192e+01
  5.00000045e-02 9.91448535e-02]]
```

```
[[0.00208333 0.00208333 0.28397031 ... 0.09848581 0.00208333 0.00208333]
 [0.0025     0.10318462 0.0025     ... 0.07045392 0.0025     0.0025    ]
 [0.00060241 0.00060241 0.43801521 ... 0.13849737 0.04999365 0.00060241]
 ~略~
 [0.00454545 0.09681648 0.36397178 ... 0.00454545 0.00454545 0.00454545]
 [0.00294118 0.00294118 0.16126703 ... 0.00294118 0.39963043 0.11214416]
 [0.00357143 0.13604762 0.36396555 ... 0.00357143 0.00357143 0.00357143]]
```

詳細

トピックを用いた文書の表現

ここでは、先ほどの「アルゴリズム」で学習したLDAの結果を詳しく見ていきます。

以下のように、各トピック分布の単語を確率の大きい順に並べることで、トピックを代表する単語がわかるようになっています。

例えば、トピック16はスポーツに関するトピック、トピック18はパソコンに関するトピックなど、含まれる単語からトピックを解釈することができます。

```
- トピック16:
  game team year games season play hockey players league win teams ...
- トピック17:
  mr president think going know don stephanopoulos people jobs did ...
- トピック18:
  windows drive card scsi disk use problem bit memory dos pc using ...
- トピック19:
  space db nasa science launch earth data ground wire satellite orbit ...
...
```

一方で、以下のようなトピックは、数値だけが含まれていたり、あまり特徴のない単語が含まれています。このように、一目見ただけでは解釈が難しい結果は、ストップワード（精度向上のために処理から除く単語）を工夫することで改善できることがあります。

```
- トピック4:
  00 10 25 15 12 11 16 20 14 13 18 30 50 17 55 40 21 ...
- トピック6:
  people said know did don didn just time went like say think told ...
```

次に、文書が持つトピック分布について見てみましょう。以下の図は、ある文書のトピック分布をグラフにしたものです。トピック18の成分を多く持つことから、パソコンに関する文書であると判断することができます。この文書の実際のテーマを見てみると、comp.sys.mac.hardwareとなっており、Apple社のMacに関するネット投稿であることがわかります。

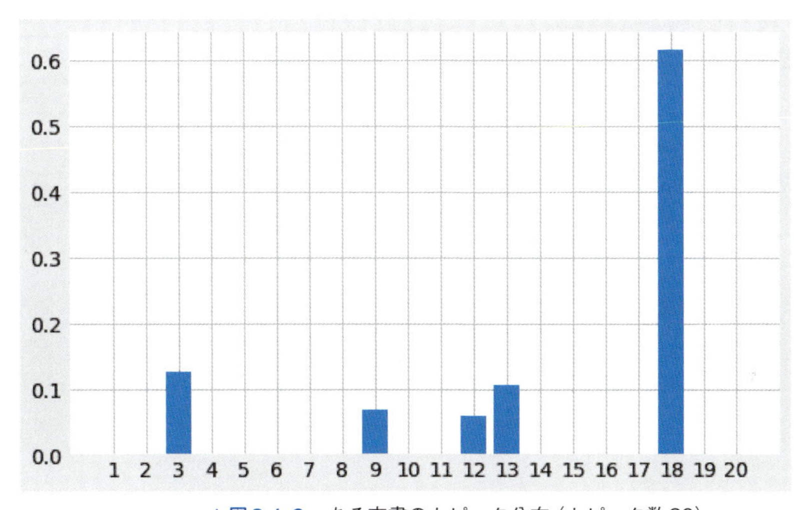

▲図3.4.2　ある文書のトピック分布（トピック数20）

文書の特徴を単語だけで表現しようとすると直感的にわかりづらい表現になりますが、LDAを使うことで文書の特徴をトピックによって表すことができました。

参考 http://blog.echen.me/2011/08/22/introduction-to-latent-dirichlet-allocation/

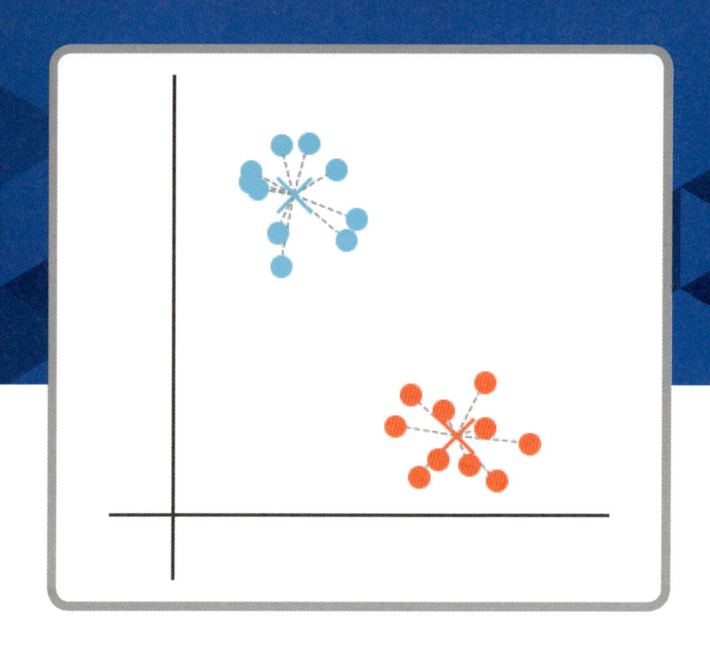

14 k-means法

似たもの同士のデータをクラスタとしてまとめる手法をクラスタリングといいます。
k-means法はクラスタリングの一種であり、その手法の簡潔さからデータ分析において広く利用されています。

概要

k-means法は、代表的なクラスタリングの1つです。手法の理解がしやすく、また比較的大きなデータへも適用が可能なことから、マーケットの分析やコンピュータビジョンなど幅広い分野で利用されています。

k-means法によって、どのようにクラスタリングが行われるのかを見てみましょう。図3.5.1は人工のデータセットに対して、k-means法を適用し、各データ点を3つのクラスタに分類したものです。図3.5.1 (b) においてxで示された点は、各クラスタの重心といい、k-means法によって作成されたクラスタの代表点となっています。

データ点の所属するクラスタは、各クラスタの重心への距離を計算し、最も近いクラスタの重心を求めることで決まります。このクラスタの重心を求めることが、k-means法では重要な計算となっています。

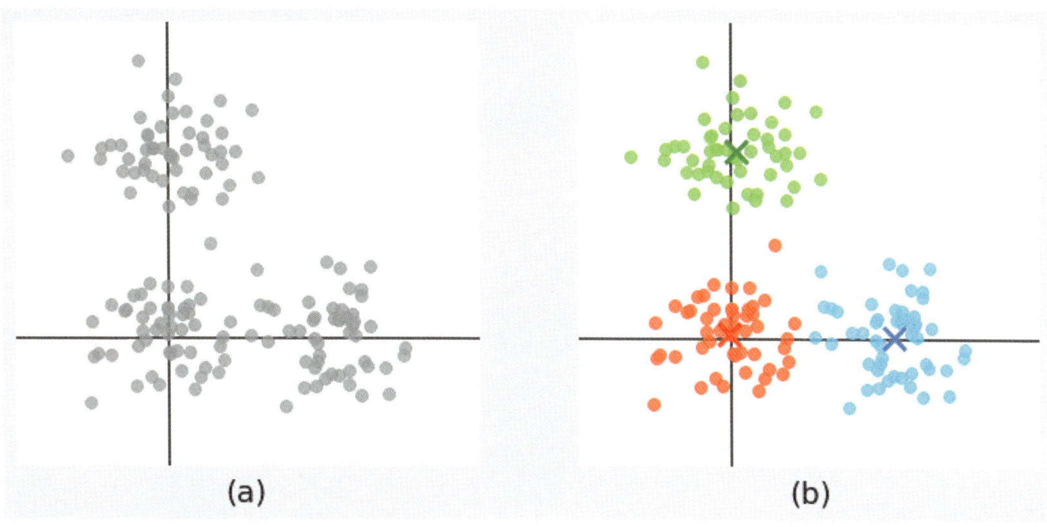

▲図 3.5.1　二次元データ（a）に対して、k-means法を適用したときの結果（b）。

アルゴリズム

k-means法の代表的なアルゴリズムは以下のような手順になっています。

1. データ点の中から、適当な点をクラスタ数だけ選び、それらを重心とする
2. データ点と各重心の距離を計算し、最も近い重心をそのデータ点の所属するクラスタとする
3. クラスタごとにデータ点の平均値を計算し、それを新しい重心とする
4. 2と3を繰り返し実行し、すべてデータ点が所属するクラスタが変化しなくなるか、計算ステップ数の上限に達するまで計算を続ける

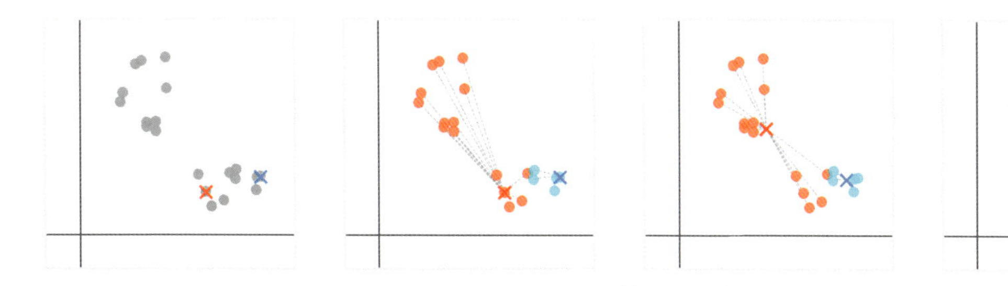

▲図 3.5.2　k-mean法のアルゴリズム

1.のクラスタ数はハイパーパラメータなので、学習の際に設定する必要があります。データセットによっては、設定するクラスタ数を明確に決めることが難しい場合があるのですが、「詳細」で説明する**Elbow法**などの手法を使うことで、クラスタ数の見当をつけることができます。

また、2、3では、重心の選び方によって、学習がうまく進まない場合があります。これは初期値として選択した重心同士が近すぎるときなどに発生します。k-means++という手法を利用すると、なるべく離れた重心を初期値として選ばれるため、この問題に対応することができます。

サンプルコード

アヤメデータを利用したk-means法のコードです。クラスタ数は3に設定してあります。

▼サンプルコード

```
from sklearn.cluster import KMeans
from sklearn.datasets import load_iris



data = load_iris()

n_clusters = 3  # クラスタ数を3に設定
model = KMeans(n_clusters=n_clusters)
model.fit(data.data)

print(model.labels_)  # 各データ点が所属するクラスタ
print(model.cluster_centers_)  # fit()によって計算された重心
```

```
[1 1 1 1 1 1 1 1 1 1 1 1 1 1 1 1 1 1 1 1 1 1 1 1 1 1 1 1 1 1 1 1 1 1 1 1 1
 1 1 1 1 1 1 1 1 1 1 1 1 1 0 0 2 0 0 0 0 0 0 0 0 0 0 0 0 0 0 0 0 0 0 0 0 0
 0 0 0 2 0 0 0 0 0 0 0 0 0 0 0 0 0 0 0 0 0 0 0 0 0 0 2 0 2 2 2 2 0 2 2 2 2
 2 2 0 0 2 2 2 2 0 2 0 2 0 2 2 0 0 2 2 2 2 2 0 2 2 2 2 0 2 2 2 0 2 2 2 0 2
 2 0]
```

```
[[5.9016129  2.7483871  4.39354839 1.43387097]
 [5.006      3.418      1.464      0.244     ]
 [6.85       3.07368421 5.74210526 2.07105263]]
```

詳細

クラスタリング結果の評価方法について

前述の「アルゴリズム」でどのように重心を更新していくのかがわかりました。

では、k-means法の評価方法、つまりクラスタリング結果の良し悪しをどのように決めるかを説明していきます。図3.5.3では、同一のデータセットに対してk-means法を実行しました。

図3.5.3 (a) の方がクラスタごとの領域がはっきり分かれているので、うまく分割ができているような印象を受けます。ですが、グラフの印象から分析結果の良し悪しを決めるというのは、定性的な判断になってしまいます。また、高次元空間のデータでは、そもそも可視化自体が難しい場合もあります。クラスタリングの**良さ**に関する何らかの定量的な基準が必要です。

クラスタリング結果の良し悪しは、**クラスタ内平方和** (Within-Cluster Sum of Squares: WCSS) を計算することで、定量的に評価することができます (このWCSSはクラスタ数を増やすほど、小さくなるので、同じクラスタ数での比較の場合に利用できます)。

WCSSは、すべてのクラスタについて、所属するデータ点とクラスタ重心の距離の平方和を計算し、それらについて和をとったもので、この値が小さいほど、良いクラスタリングということがいえます。

クラスタ重心と所属するデータ点との距離が小さいほど、つまり、データ点がクラスタ重心近くに凝集しているクラスタリングほど、WCSSは小さくなります。

図3.5.3 (a) のWCSSは、50.1、図3.5.3 (b) のWCSSは、124.5となっているため、左図の方がうまくクラスタリングができていると判断することができます。

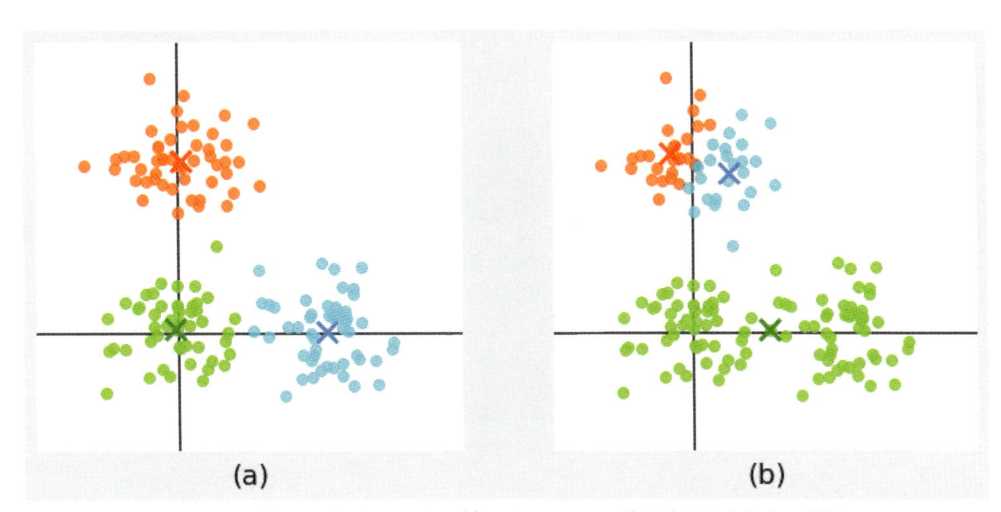

▲図3.5.3　同一のデータセットに対して、k-means法を適用したときの結果。

Elbow法を用いたクラスタ数の決定方法について

k-means法ではクラスタ数をハイパーパラメータとして最初に与えますが、クラスタ数をいくつにするべきかが明らかではないことがあります。妥当なクラスタ数を決定するための手法の1つがElbow法です。クラスタ数を増やしていくとWCSSが減少していくことは先ほど説明しましたが、このWCSSの減少が、あるクラスタ数からゆるやかになっていくことがあります。

図3.5.4では, クラスタ数が3のときまでWCSSが大きく減少していきますが, クラスタ数が4, 5, ...と増えていくにつれ、WCSSの減少がゆるやかになっているのがわかります。Elbow法では、グラフ内で腕を曲げた肘のように見える点を目安にクラスタ数を決めます。この場合はクラスタ数を3と定めるのが良いようです。

Elbow法は、クラスタ数を決める強い理由がないときや、データに対する知見が少ないときに役に立ちます。一方で、実際の分析では図のような"肘"が明確に現れないこともよくあることですので、あくまで"目安として利用する"くらいに考えておくとよいでしょう。

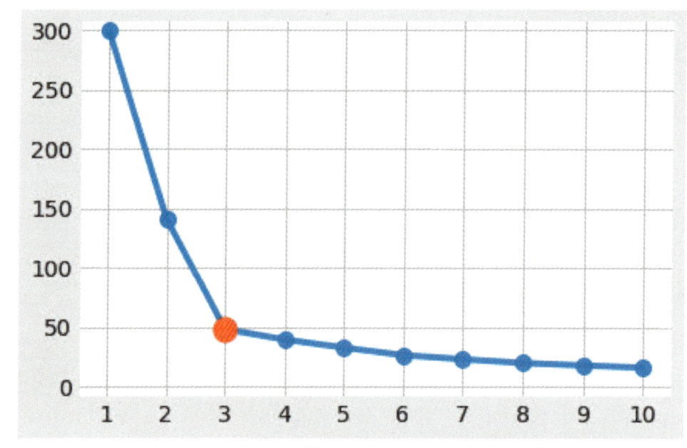

▲図3.5.4　Elbow法によるクラスタ数の決定

参考文献

Kodinariya, T. M. and Makwana P. R, Review on determining number of cluster in k-means clustering. Int. J. 1(6), 90 - 95(2013)

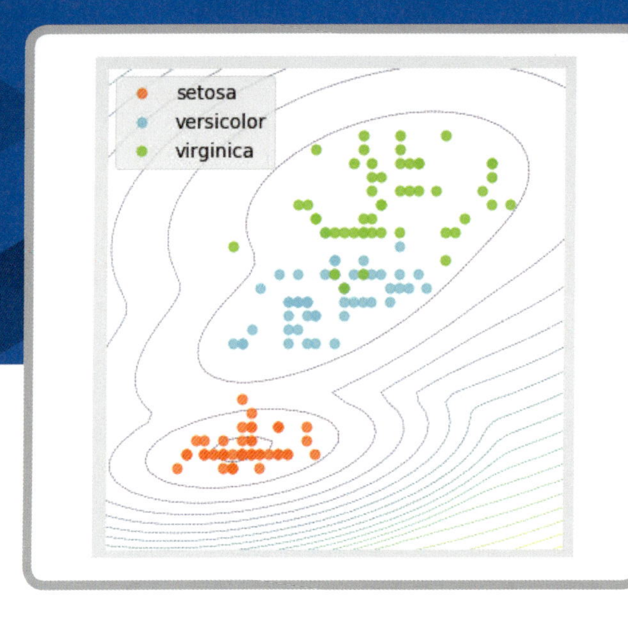

15 混合ガウス分布

機械学習や統計学でよく利用されるガウス分布は、ひとまとまりになったデータを表現することができます。
データの中に複数のまとまりがある場合は、複数のガウス分布の線形結合である混合ガウス分布を使うことで、クラスタリングを行うことができます。

概要

混合ガウス分布はアルゴリズムの名称というよりは確率分布の名称です。ここではその確率分布によって生成されたとみなされるデータについて、分布のパラメータを推定する手法を紹介します。これはクラスタリングに利用することができます。

混合ガウス分布の基礎となるガウス分布は、統計学や機械学習においてよく利用されている確率分布です。データがどこを中心としたものかを表す**平均**と、どのくらいバラついているかを表す**分散**によって、データの分布を表現できます。混合ガウス分布は複数のガウス分布の線形重ね合わせとして表現されるモデルです。

ガウス分布と混合ガウス分布の違いを見ていきましょう。図3.6.1はアヤメデータに対して、ガウス分布、混合ガウス分布を適用したものです。各分布は、等高線として図中に示してあります。

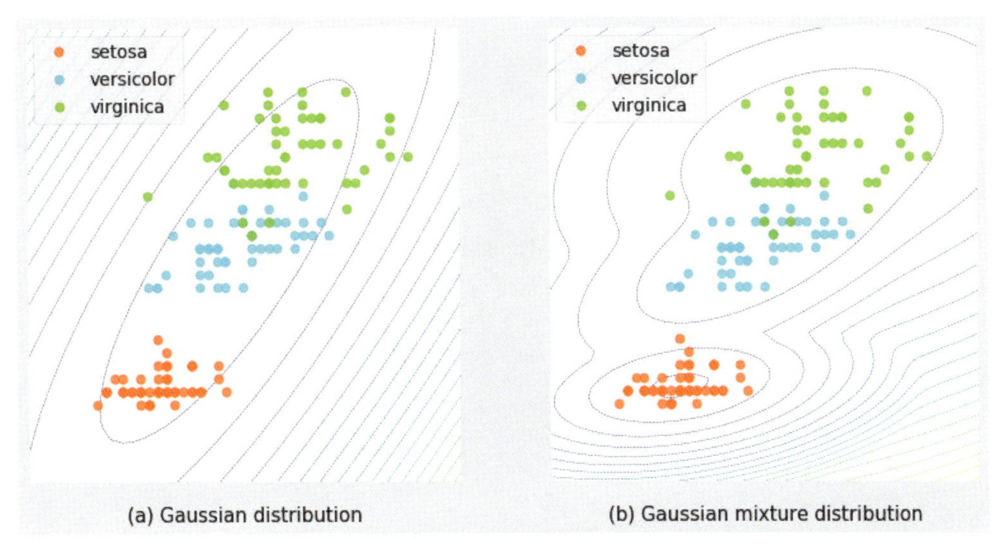

▲図3.6.1 アヤメデータに対するガウス分布(a)、混合ガウス分布(b)を適用

図3.6.1 (a) を見ると、アヤメデータ全体に対して、各軸ごとの平均と分散を読み取ることができます。しかし、アヤメデータはsetosa、versicolor、virginicaの3種類の品種が含まれているため、軸ごとに1つの平均、1つの分散を持つガウス分布では、品種の違いを考慮した分布の表現ができていません。

一方、図3.6.1 (b) は混合ガウス分布を適用したもので、3つのガウス分布の重ね合わせによって表現されています。混合ガウス分布によって複数のクラス(この問題では品種)からなる複雑なデータを表現することができます。

アルゴリズム

混合ガウス分布の学習では、与えられたデータ点から各ガウス分布ごとの平均と分散を求めます。簡単のため、一次元データでこれらのパラメータを求める方法を説明します。図3.6.2は、2種類のガウス分布とそれらのガウス分布からサンプリングされた一次元データをプロットしたものです。赤いプロットは、平均: -2.0、分散: 2.2のガウス分布からサンプリングされたデータ。青いプロットは、平均: 3.0、分散: 4.0のガウス分布からサンプリングされたデータです。

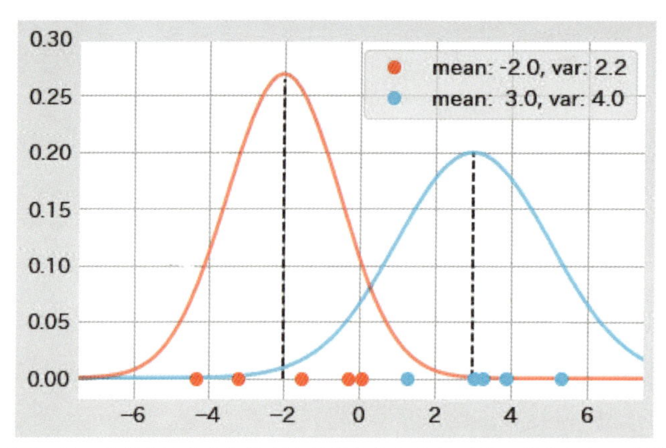

▲図 3.6.2　2つのガウス分布と各ガウス分布からサンプリングされた一次元データ

さて、混合ガウス分布の問題設定は、データ点からガウス分布のパラメータを求めるというものです。図3.6.2のように、各データ点の所属するクラスが色で判別できるような状態だと、各色ごとに平均と分散を求めていけばよいので問題は簡単です。しかし混合ガウス分布では、各データ点のクラスがわからない状態でパラメータを求めなければいけません。そのため、「データ点ごとにどのクラスに属するのが確からしいかという重みを推測」した上で、「データ点のクラスごとにガウス分布のパラメータ（平均と分散）を推測」という計算が必要です。具体的には、図3.6.3に示したような手順でパラメータを求めます。

1. パラメータ(各ガウス分布の平均と分散)を初期化する
2. データ点がもつ重みを各クラスごとに計算する
3. 2.で得られた重みからパラメータを再計算する
4. 3.で更新された各平均の変化が十分小さくなるまで2.と3.を繰り返す

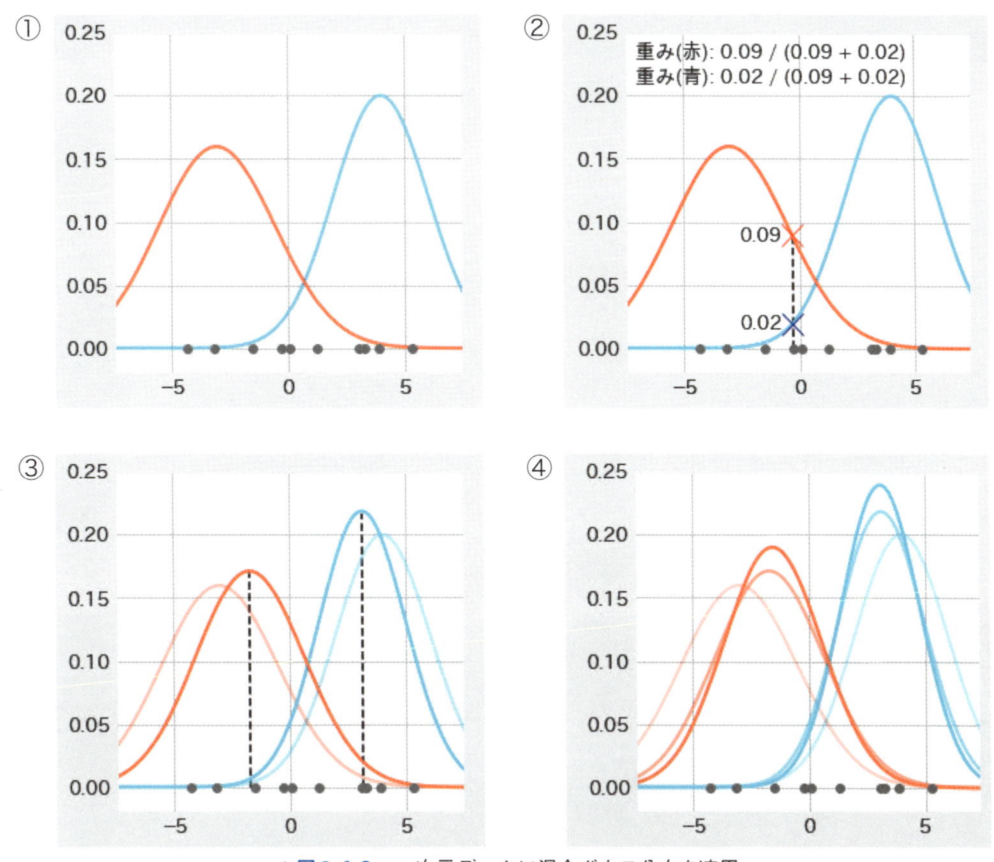

▲図 3.6.3　一次元データに混合ガウス分布を適用

1.でパラメータの初期化を行い、各ガウス分布の平均と分散を決めておきます。2.では データ点がもつ重みを計算します。このときの重みは（各ガウス分布の値）/（すべてのガウス分布の値の合計）で計算されます。すべてのデータ点について重みが計算できたら、各クラスごとに重みの平均を求め、次に分散を計算します。分散は平均とデータ点の差の2乗の平均ですが、ここでは平均とデータ点の差の2乗の重み付き平均を計算します。求めた平均と分散から、3.で新たにガウス分布を計算します。そして、2と3を順次繰り返すことでパラメータを更新していきます。データ点が所属するクラスを具体的に1つに決めるのではなく、重みを使って表し、平均と分散を少しずつ更新していくのが特徴です。

サンプルコード

3つの品種を含むアヤメデータに対して、混合ガウス分布を適用する場合のサンプルコードです。

▼サンプルコード

```
from sklearn.datasets import load_iris
from sklearn.mixture import GaussianMixture

data = load_iris()

n_components = 3  # ガウス分布の数
model = GaussianMixture(n_components=n_components)
model.fit(data.data)
print(model.predict(data.data))  # クラスを予測
print(model.means_)  # 各ガウス分布の平均
print(model.covariances_)  # 各ガウス分布の分散
```

```
[1 1 1 1 1 1 1 1 1 1 1 1 1 1 1 1 1 1 1 1 1 1 1 1 1 1 1 1 1 1 1 1 1 1 1 1 1
 1 1 1 1 1 1 1 1 1 1 1 1 1 0 0 0 0 0 0 0 0 0 0 0 0 0 0 0 0 0 0 2 0 2 0 2 0
 0 0 0 2 0 0 0 0 0 2 0 0 0 0 0 0 0 0 0 0 0 0 0 0 0 0 0 2 2 2 2 2 2 2 2 2 2
 2 2 2 2 2 2 2 2 2 2 2 2 2 2 2 2 2 2 2 2 2 2 2 2 2 2 2 2 2 2 2 2 2 2 2 2 2
 2 2]
```

```
[[5.91697517 2.77803998 4.20523542 1.29841561]
 [5.006      3.418      1.464      0.244     ]
 [6.54632887 2.94943079 5.4834877  1.98716063]]
```

```
[[[0.27550587 0.09663458 0.18542939 0.05476915]
  [0.09663458 0.09255531 0.09103836 0.04299877]
  [0.18542939 0.09103836 0.20227635 0.0616792 ]
  [0.05476915 0.04299877 0.0616792  0.03232217]]
  ~略~
 [[0.38741443 0.09223101 0.30244612 0.06089936]
  [0.09223101 0.11040631 0.08386768 0.0557538 ]
  [0.30244612 0.08386768 0.32595958 0.07283247]
```

```
[0.06089936 0.0557538  0.07283247 0.08488025]]]
```

詳細

混合ガウス分布を用いたクラスタリング

本節では混合ガウス分布を利用して以下のデータをクラスタリングしてみます。図3.6.3に混合ガウス分布によるクラスタリング結果と、同じデータに対して実施したk-means法によるクラスタリング結果を示しました。

混合ガウス分布では、それぞれのガウス分布ごとに楕円形の広がりを表現できるため、データ点をうまく表現することができています。一方、k-means法は重心から円状に広がったデータに対して有効な手法のため、このようなデータセットに対してはうまくクラスタリングができない場合があります。

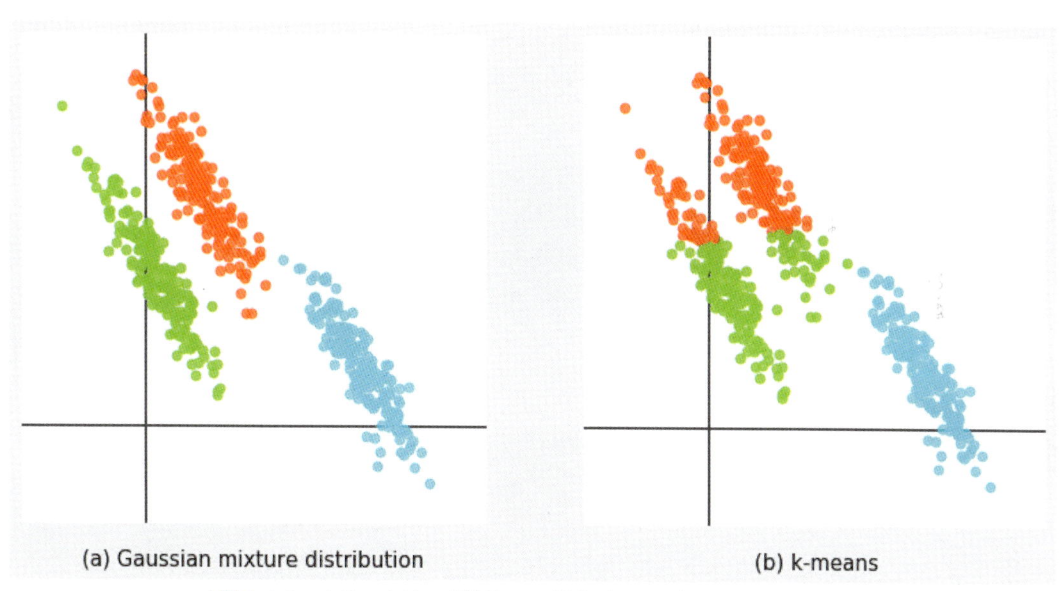

▲図 3.6.4　クラスタリング結果。(a) 混合ガウス分布、(b) k-means法

参考文献
scikit-learn. sklearn.mixture.GaussianMixture, Retrieved February 15, 2019, from https://scikit-learn.org/stable/modules/generated/sklearn.mixture.GaussianMixture.html

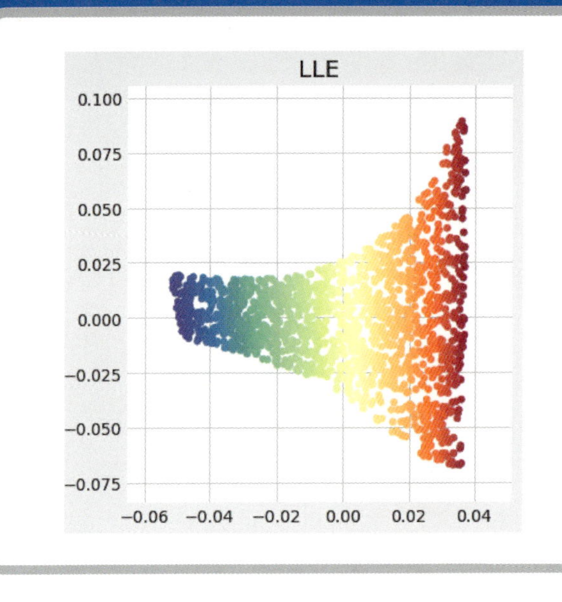

16 LLE

複雑な構造のデータをよりシンプルな形式に変換することは、教師なし学習において重要なタスクです。
LLE（Local Linear Embedding）は、曲がったりねじれた状態で高次元空間に埋まっている構造をシンプルな形で低次元空間上に表現することができます。

 概要

LLEは、**多様体学習**（Manifold Learning）と呼ばれる手法の1つで、非線形な構造を持ったデータに対して次元削減することを目的としています。具体的な例を見てみましょう。

図3.7.1 (a) は、非線形なデータの例として扱われることの多い、Swiss Rollのデータをプロットしたものです。Swiss Rollは二次元の構造（=長方形）が三次元空間内に丸められて埋まっているようなデータセットになっています。このデータにLLEとPCAを適用し、二次元に次元削減したものがそれぞれ図3.7.1 (b) と図3.7.1 (c) です。LLEでは、三次元空間に埋まっていた二次元構造を取り出して、二次元データで表現することができています。一方で、PCAでは、元のデータを押しつぶしたような形で次元削減が行われています。PCAは変数間に相関があるようなデータに対する手法なのでSwiss Rollのような非線形データを次元削減する場合には、LLEの

ような手法が適しています。

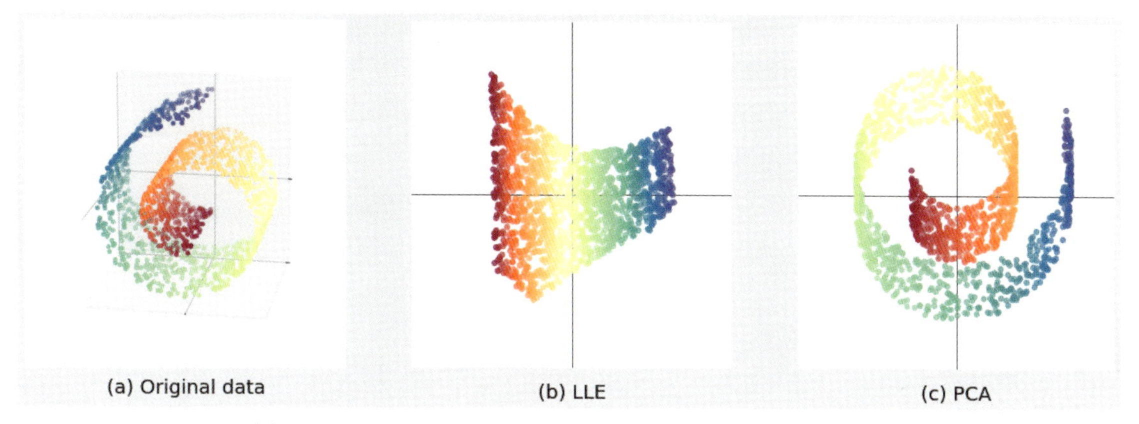

▲図 3.7.1 (a) Swiss Rollデータ、(b) LLEの適用結果(近傍点の数：12)、(c) PCAの適用結果

アルゴリズム

LLEのアルゴリズムでは、データ点をその近傍点の線形結合で表現する必要があります。データ点$\mathbf{x}_1$について、$\mathbf{x}_1$に最も近い2つの点を$\mathbf{x}_2$, $\mathbf{x}_3$として線形結合の例を示します。図3.7.2において、左図で$\mathbf{x}_1=(1,\ 1,\ 1)$, $\mathbf{x}_2=(-1,\ 0,\ -1)$, $\mathbf{x}_3=(2,\ 3,\ 2)$のとき、$\mathbf{x}_2$, $\mathbf{x}_3$の重みをそれぞれ$W_{12}=-1/3$, $W_{13}=1/3$とすると、$\mathbf{x}_1=W_{12}\mathbf{x}_2+W_{13}\mathbf{x}_3$と表すことができます。この三次元空間での3点の関係を歪ませることなく二次元へ移動すると、そのままこの重みを利用して, $\mathbf{x}_1$を近傍点で表現することができます。

実際には、三次元の空間ではSwiss Rollのように曲がった構造をしているのですが、LLEでは局所的な点と点との関係、つまり近傍点の関係は歪みのない空間であると見なしデータ点を表現します。

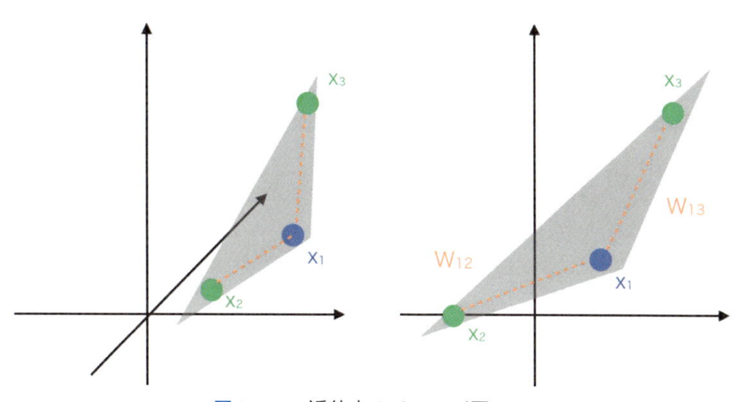

▲図 3.7.2 近傍点のイメージ図

近傍点の線形結合について例を示したところで、LLEのアルゴリズムについて説明していきましょう。D次元空間内に、d次元空間（ただし、d < D）の構造が存在するとしたとき、以下のような手順で次元削除を行います。

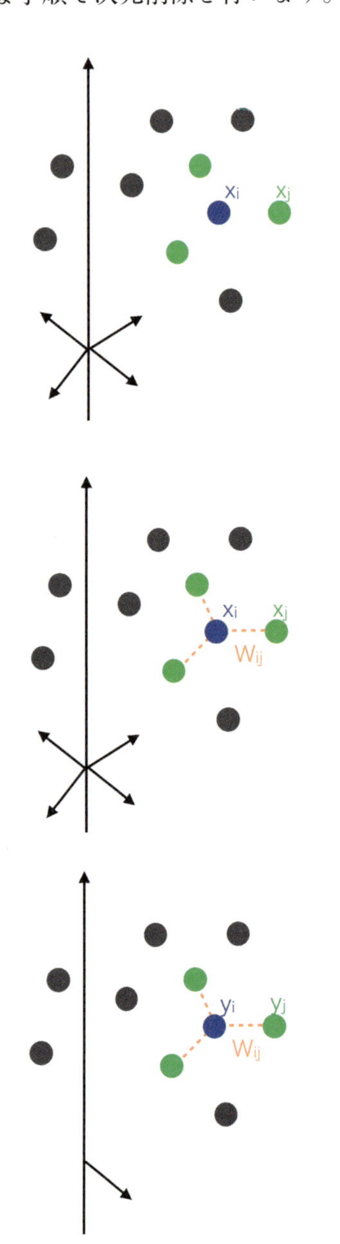

1. データ点x_iの近傍点（K個）を求める。
2. K個の近傍点の線形結合で、x_iを再構成できるような重みW_{ij}を求める。
3. 重みW_{ij}を利用して、低次元（d次元）でのy_iを計算する。

▲図 3.7.3　LLEのアルゴリズム

データ点$\mathbf{x}_i$の近傍点を考えるというのがLLEの特徴です。

近傍点の数を決めたら、まず、重みW_{ij}を求めるために、「$\mathbf{x}_i$」と「$\mathbf{x}_i$の近傍点の線形結合」の誤差を$\mathbf{x}_i - \sum_j W_{ij}\mathbf{x}_j$と表します。

W_{ij}の値が変化すると、この誤差が大きくなったり小さくなったりします。

すべての$\mathbf{x}_i$について線形結合との差をとり、その二乗和を計算することで、重みW_{ij}と誤差の関係を以下の誤差関数として表します。

$$\varepsilon(W) = \sum_i |x_i - \sum_j W_{ij} x_j|^2$$

ここではW_{ij}近傍点以外については0になります。ただし、あるiに関して、$\sum_j W_{ij} = 1$という制約があります。この重みW_{ij}が、データ点X_iとその近傍点との関係性を表しており、低次元空間でもその関係性が保持されていると考えます。重みを計算した後に、低次元空間でのデータ点を表すY_iを計算します。

$$\Phi(Y) = \sum_i |Y_i - \sum_j W_{ij} Y_j|^2$$

先ほどは、誤差を最小化する重みW_{ij}を求めましたが、今度は先ほど求めたW_{ij}を利用して、誤差を最小化する$\mathbf{y}$を求める問題になっています。

サンプルコード

Swiss RollのデータセットにLLEを適用するコードです。近傍点の数は12に設定しています。

▼サンプルコード

```
from sklearn.datasets import samples_generator
from sklearn.manifold import LocallyLinearEmbedding

data, color = samples_generator.make_swiss_roll(n_samples=1500)

n_neighbors = 12  # 近傍点の数
n_components = 2  # 削減後の次元数
model = LocallyLinearEmbedding(n_neighbors=n_neighbors,
                               n_components=n_components)
model.fit(data)
print(model.transform(data))  # 変換したデータ
```

```
[[ 0.03417034  0.01889039]
 [ 0.03160555  0.05350996]
 [ 0.03590683  0.04619116]
 ...
 [ 0.01255618 -0.02078975]
 [ 0.02722956  0.00697508]
 [ 0.02950613 -0.0050912 ]]
```

詳細

多様体学習について

LLEや次節で紹介するt-SNEなど、非線形データに対する次元削減手法を多様体学習と呼ぶことがあります。多様体は、局所的な部分に注目すると歪みのない空間とみなせるような空間のことです。地球は球体ですが、局所的な部分では平面の地図を書くことができることに似ています。多様体自体の詳しい定義については、本書の範囲を超えるため、詳しく説明をしません。本書を読み進めるに当たっては、**多様体とは、局所的に見ると低次元空間の構造が高次元空間に埋まったものだ**という理解をしていただければ十分です。LLEをはじめとする多様体学習では、高次元空間に（曲がっていたり、ねじれたりする状態で）埋まっているより低次元のデータ構造を見つけることができます。

近傍点の数

LLEでは、近傍点の数をハイパーパラメータとして定めておく必要があります。

図3.7.4は、図3.7.1（a）のSwiss Rollデータに対して、近傍点の数を5（a）、50（b）にした場合の結果です。では、近傍点の数を5、50にした場合の結果です。近傍点の数が5のときはつながりのある構造を取り出せていないため、次元削減後の点にあまり広がりがなく、狭い範囲に集まっているように見えます。これではあまり大域的な情報を反映できていません。近傍点の数を50にしたときは、異なる色が近くに配置されています。近傍点の数が多すぎて、局所的な構造を捉えることができなくなっているためです。このようにLLEの結果への影響が大きいため、近傍点の数は注意深く選ぶ必要があります。

▲図 3.7.4　近傍点によるLLEの結果の違い (a)近傍点の数: 5 (b)近傍点の数: 50

参考文献
J.A. Lee and M. Verleysen, Nonlinear dimensionality reduction of data manifolds with essential loops. Neurocomputing, 67:29 - 53(2005)

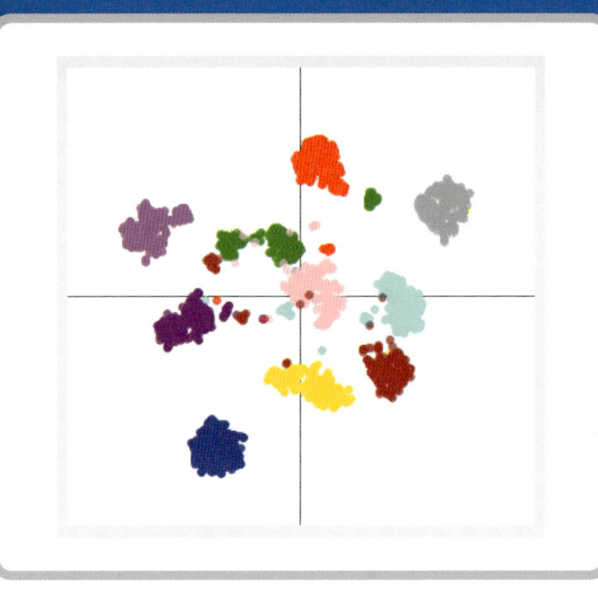

17 t-SNE

t-SNE(t-Distributed Stochastic Neighbor Embedding)は、高次元の複雑なデータを二次元(または三次元)に次元削減する手法で、低次元空間での可視化に利用されます。
次元削減する際に似ている構造同士のデータがまとまった状態になるため、データの構造を理解するのに役立ちます。

 概要

t-SNEは、多様体学習の一種であり、複雑なデータの可視化を目的として利用される手法です。高次元のデータを二次元、または三次元に削減することで可視化を可能にしています。図3.8.1は、t-SNEを利用して三次元空間から二次元空間に次元削減したものです。元データ(a)は三次元空間に2つのSwiss rollが埋まっているもので、次元削減後の二次元空間(b)で2つの構造の違いを表現できていることがわかります。

このように、複数の構造を低次元空間でうまく表現するための仕組みを持っている手法です。

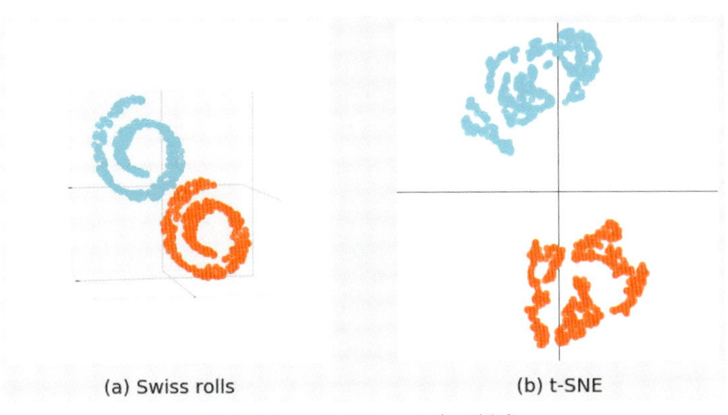

▲図 3.8.1　t-SNEによる次元削減

t-SNEは次元削減をする際に自由度1のt分布を利用しているのが特徴的です。t分布を利用することによって、高次元空間で近くにあった構造を低次元空間ではより近くに、また遠くにあった構造をより遠くにすることができます。次の「アルゴリズム」以降で詳しく見てみましょう。

アルゴリズム

t-SNEのアルゴリズムは以下のようになっています。

1. すべての組i, jについて、x_i, x_jの類似度をガウス分布を利用した類似度で表す
2. x_iと同じ数の点y_iを低次元空間にランダムに配置し、すべての組i, jについて、y_i, y_jの類似度をt分布を利用した類似度で表す。
3. 1と2から定義される類似度分布がなるべく同じになるように、データ点$\mathbf{y}_i$を更新していく。
4. 収束条件まで3を繰り返す。

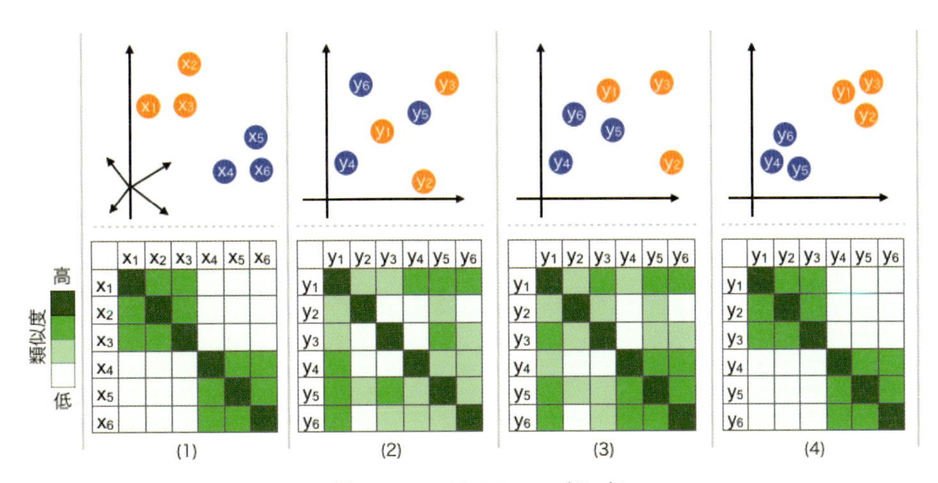

▲図 3.8.2　t-SNEのアルゴリズム

1と2における類似度について説明します。類似度は、データ点同士がどれくらい似ているかを表すものです。これは単にデータ間の距離を利用するのではなく、図3.8.2のような確率分布を利用します。

図3.8.3では、横軸が距離、縦軸が類似度となっています。データ間の距離が近いほど類似度が大きく、遠いほど類似度が小さくなることがわかります。まず元の高次元空間において正規分布を使って類似度を計算し、p_{ij}という分布で表します。このp_{ij}はデータ点$\mathbf{x}_i$と$\mathbf{x}_j$の類似度を表しています。

次に、$\mathbf{x}_i$に対応したデータ点$\mathbf{y}_i$を低次元空間でランダムに配置します。このデータ点に対しても類似度を表すq_{ij}を計算します。ただし、このときの類似度はt分布を使っています。

p_{ij}とq_{ij}が計算できたら、q_{ij}をp_{ij}が同じ分布となるように、データ点$\mathbf{y}_i$を更新していきます。これにより高次元空間における各$\mathbf{x}_i$の類似度の関係を低次元空間の$\mathbf{y}_i$で再現することができます。このときに低次元空間でt分布を利用しているので、大きい類似度を再現する場合には低次元空間でより近くに配置され、逆に小さい類似度を再現する場合には低次元空間でより遠くに配置されることがわかります。

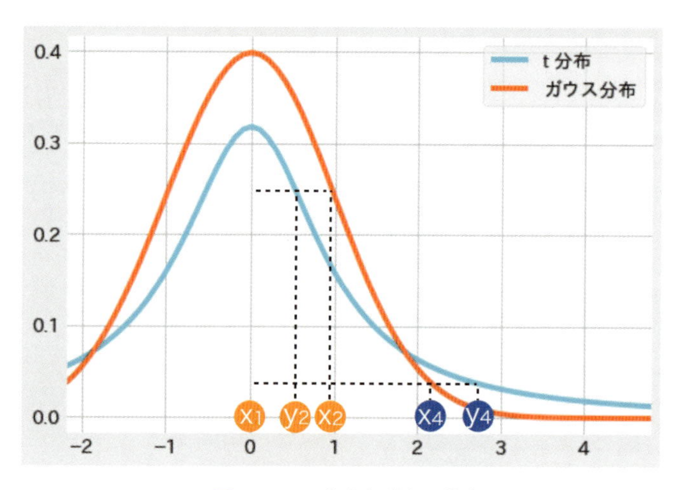

▲図3.8.3　t分布とガウス分布

図3.8.4は、概要のSwiss rollに対してt-SNEを適用したときにデータ点$\mathbf{y}_i$が更新されていく様子を示したものです。更新回数が増えるにつれてデータ点の違いを表現できるようになっていることがわかります。

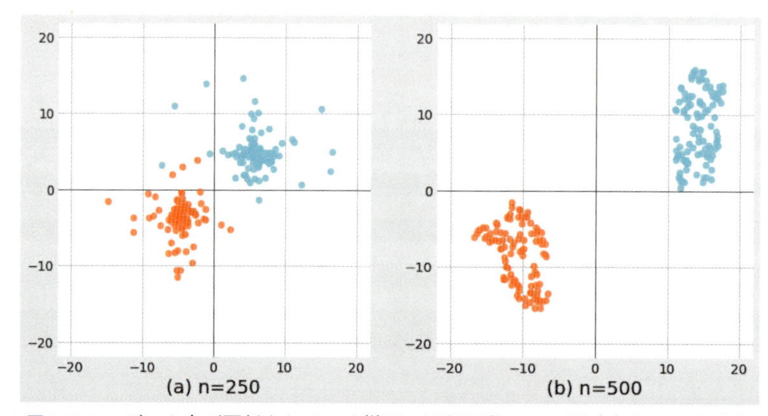

▲図3.8.4　データ点が更新されていく様子。更新回数は250回（a）と500回（b）

「概要」で述べましたが、t-SNEは、基本的に三次元、または二次元への次元削減で利用されます。t分布は裾の重い分布のため、高次元空間では中心から離れた部分が支配的となり、局所的な情報を保持できなくなります。そのため四次元以上の空間への削減は、うまく次元削減ができない場合があります。

サンプルコード

手書き文字のデータセットにt-SNEを適用するコードです。削減後の次元数は2に設定しています。

▼サンプルコード

```
from sklearn.manifold import TSNE
from sklearn.datasets import load_digits

data = load_digits()
n_components = 2  # 削減後の次元を2に設定
model = TSNE(n_components=n_components)

print(model.fit_transform(data.data))
```

```
[[ 12.328249   64.76087  ]
 [-16.284025  -24.134592 ]
 [-14.58529    -0.6316269]
 ~略~
 [ -4.541453   -6.5503755]
 [ 26.231192   12.501517 ]
 [ -0.6332957  -1.1858237]]
```

詳細

他の次元削減との比較

ここではt-SNEと他の次元削減手法を比較し、その特徴を見てみます。利用するデータは、図3.8.5のような手書き文字です。

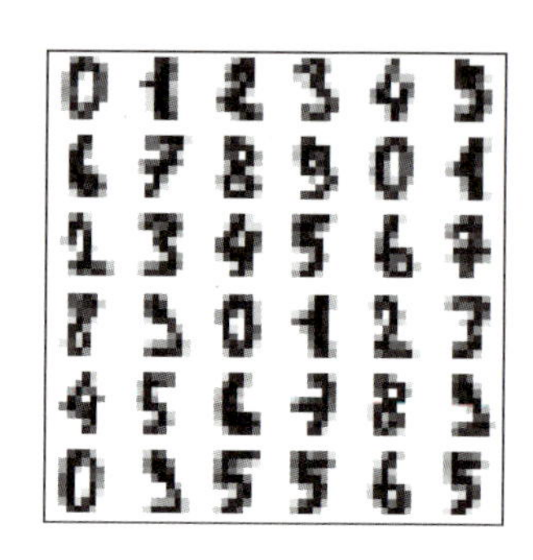

▲図 3.8.5　手書き文字

手書き文字は、8×8ピクセルの画像データとなっており、各画像に0, 1, 2, ..., 9という数値のうちの1つが書かれています。つまり、8×8（64）次元の空間内に、10種類の構造が含まれていると考えることができます。

手書き文字データを用いて、PCA、LLE、t-SNEの3つの手法で次元削減を実施しました。

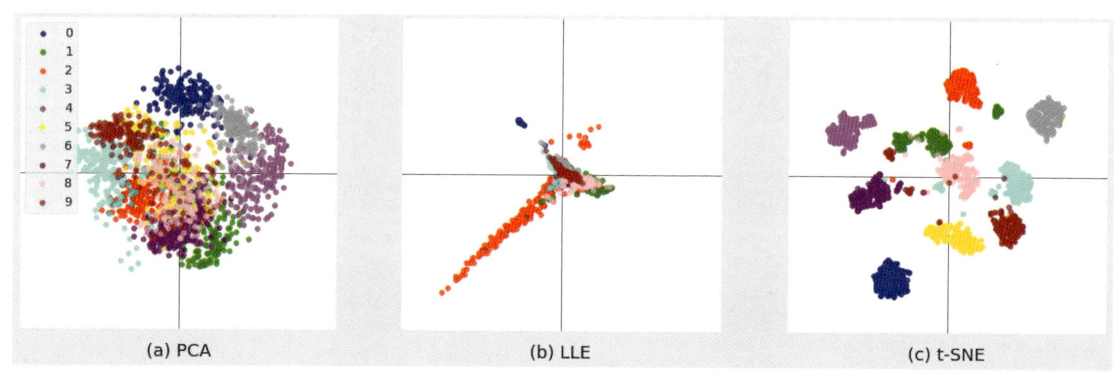

▲図 3.8.6　PCA（a）、LLE（b）、t-SNE（c）の比較

図3.8.6（a）のPCAは、数値ごとにある程度まとまっている部分もありますが、異なる数値で混ざってしまっていることがわかります。図3.8.6（b）のLLEは非線形なデータに対応していますが、Swiss Rollのようにひとまとまりになっているデータでないと、構造をうまく捉えることができません。図3.8.6（c）のt-SNEでは、二次元空間で数値ごとにデータがまとまっており、構造をうまく分類できていることがわかります。

参考文献

van der Maaten, L. & Hinton, G. E., Visualizing data using t-SNE. J. Mach. Learn.Research 9, 2579-2605(2008).
scikit-learn. 2.2. Manifold learning, Retrieved February 7, 2019, from https://scikit-learn.org/stable/modules/manifold.html
scikit-learn. sklearn.manifold.TSNE, Retrieved February 7, 2019, from https://scikit-learn.org/stable/modules/generated/sklearn.manifold.TSNE.html

第4章

評価方法および各種データの扱い

ここまでは、各種アルゴリズムについて学習してきました。ここからは実践的な内容を学んでいきます。この章では、教師あり学習の評価方法や機械学習の性能向上の方法を学び、過学習という教師あり学習の難しさを確認していきます。その上でどのように対策を行うかを見ていきます。後半では、文章データの扱い及び画像データの扱いを見ていきます。

4.1 評価方法

教師あり学習の評価

第1章2節の機械学習のステップで学んだように、教師あり学習にはモデルを評価するためのさまざまな指標があります。第2章、第3章では、さまざまな機械学習手法について説明してきました。アルゴリズムごとの特徴の違いや、データセットに対応したアルゴリズムの選定方法がわかってきたのではないでしょうか。この節では、教師あり学習の一般的な評価方法や機械学習の性能を上げる手段、性能を上げる際に壁となる点について確認していきます。

教師あり学習の評価方法については、分類問題か回帰問題かに応じて、必要となる指標が異なります（表4.1.1）。

各指標の意味を理解し、解決したい問題に対して適切な指標を選択できるようにしましょう。

分類問題	回帰問題
混合行列（Mixing matrix）	平均二乗誤差（Mean square error）
正解率（Accuracy）	決定係数（Coefficient of Determination）
適合率（Precision）	
再現率（Recall）	
F値（F1-Score）	
AUC（Area Under the Curve）	

▲表4.1.1　本章で説明する指標

教師あり学習の評価方法を学んだ後は、過学習を防ぐ方法やハイパーパラメータを選択する手法について説明します。過学習は機械学習を利用する上で、避けては通れない問題です。評価指標を適切に選ぶことができても、学習データに過学習してしまっては、良いモデルを作ることはできません。過学習を防ぐ方法はいくつかありますが、本章では交差検証という手法を中心に説明していきます。

分類問題における評価方法

この節では、分類問題における評価方法を見ていきます。

第1章2節で用いたアメリカウィスコンシンの乳がんのデータをロジスティック回帰モデルで

機械学習を行うコードを掲載します。

データの詳細は、第1章2節の機械学習のステップを確認してください。

なお、ここでは、目的変数（クラスラベルデータ）の0と1を反転しています。これは、悪性を1（ポジティブ）、良性を0（ネガティブ）と扱うためです。scikit-learnでは、ラベルに意味を持たせないことが多く、このデータは悪性を0としたデータとなっています。しかし、実際の検診では、悪性の発見を目的にすることが一般的なため、今回のデータの場合は、悪性をポジティブと扱う方が自然な問題設定となり、このような変換を行なっています。

▼サンプルコード

```
from sklearn.datasets import load_breast_cancer
data = load_breast_cancer()
X = data.data
y = 1 - data.target
# ラベルの0と1を反転

X = X[:, :10]
from sklearn.linear_model import LogisticRegression
model_lor = LogisticRegression()
model_lor.fit(X, y)
y_pred = model_lor.predict(X)
```

混同行列

分類問題における評価指標として、まずは**混同行列**を紹介します。混同行列は分類結果を表の形式にまとめることでどのラベルを正しく分類できたか、また、どのラベルを誤って分類したかを調べることができます。scikit-learnのconfusion_matrix関数を用いることで、混同行列を表示します。

▼サンプルコード

```
from sklearn.metrics import confusion_matrix
cm = confusion_matrix(y, y_pred)
print(cm)
```

```
[[341  16]
 [ 36 176]]
```

今回の二値分類の結果を混同行列として出力すると、2行×2列の行列が表示されます。表4.1.2に示すように、実データ（正解）と予測データの行列となっています。

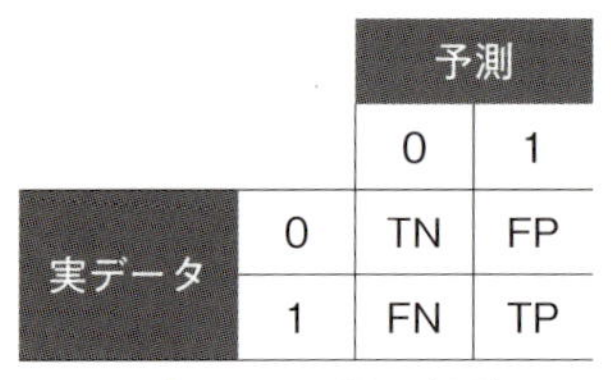

		予測	
		0	1
実データ	0	TN	FP
	1	FN	TP

▲表4.1.2　混同行列

- 左上のTN（True Negative）は、実際にネガティブのデータを正しくネガティブと予測した場合（良性を正しく判定）
- 右上のFP（False Positive）は、実際にはネガティブのデータを間違ってポジティブと予測した場合（良性を悪性と判定）
- 左下のFN（False Negative）は、実際にはポジティブのデータを間違ってネガティブと予測した場合（悪性を良性と判定）
- 右下のTP（True Positive）は、実際にポジティブのデータを正しくポジティブと予測した場合（悪性を正しく判定）

出力されたデータと比較すると、TNが341件、TPが176件となっており、FPが16件、FNが36件です。正しく予測できたTNとTPの値が大きく、概ね良好な結果が出ていますが、FNが36件となっており悪性の人を36人見逃したことを示しています。逆にFPは16件となっており、良性の人のうち16人を悪性と予測したことを示しています。

このことは、この後紹介する**再現率**を見ることであらためて確認することができます。また悪性の見逃しを防ぎたいという場合は、この後紹介する**予測確率**を見ることで予測の調整を行うことができます。

混同行列は4つの数値で構成されており、評価指標として使うにはわかりづらいこともあります。そのため、混同行列の要素を使って別の数値を計算してそれを評価指標とすることもあります。次のような指標がよく使われます。

・正解率（Accuracy）：$\frac{TP+TN}{TP+TN+FP+FN}$

・適合率（Precision）：$\frac{TP}{TP+FP}$

・再現率（Recall）：$\frac{TP}{TP+FN}$

・F値（F1-score）：2×（適合率×再現率）/（適合率＋再現率）

どの指標を使うべきかは目的によって異なります。問題によってどの指標を使うべきかを正しく判断するには、各指標の意味を理解する必要があります。それでは各指標について詳しく見てみましょう。

正解率

正解率は、予測結果全体に対し正しく予測できたものの割合です。正解率を確認するには、accuracy_score関数を用います。

▼サンプルコード

```
from sklearn.metrics import accuracy_score
accuracy_score(y, y_pred)
```

```
0.9086115992970123
```

ここでは、実際の答えである目的変数yと、学習済みモデルで予測したy_predの正解率を出力しています。

90%を超える正解率となっており、正しく学習できているように見えます。

適合率

適合率は、ポジティブと予測したものに対し、正しくポジティブと予測できたものの割合です。適合率を確認するには、precision_score関数を用います。

▼サンプルコード

```
from sklearn.metrics import precision_score
precision_score(y, y_pred)
```

```
0.9166666666666666
```

正解率のときと同様に、yとy_predから適合率を出力しています。今回の問題では、悪性と予測した中で、実際に悪性だった場合の割合を表しています。適合率が低いということは、悪性と予測した中に実は良性の人が多く含まれていることを示しています。この場合は再検査を実施するなどして、適合率の低さに対応することができます。

再現率

再現率は、実際にポジティブのものに対し、正しくポジティブと予測できたものの割合です。再現率を確認するには、recall_score関数を用います。

▼サンプルコード

```
from sklearn.metrics import recall_score
recall_score(y, y_pred)
```

```
0.8301886792452831
```

正解率のときと同様に、yとy_predから再現率を出力しています。今回の問題では、実際に悪性の人に対し、悪性と正しく予測できた場合の割合を表しています。再現率が低いということは、実際に悪性の人を良性と予測してしまう場合が多いことを示しています。これは適合率が低い場合と比べて、深刻な問題といえます。このモデルを実問題に利用する前に、再現率を高くする工夫が必要になってきます。この工夫については予測確率の節で説明します。

F値

F値とは、適合率と再現率の両方の傾向を反映させた指標です。F値を確認するには、f1_score関数を用います。

▼サンプルコード

```
from sklearn.metrics import f1_score
f1_score(y, y_pred)
```

```
0.8712871287128713
```

適合率と再現率はトレードオフの関係にあり、片方を高くしようとするともう片方が低くなってしまいます。どちらの指標も同様に重要な場合は、F値を見るとよいでしょう。

予測確率

ここまでは、predictを使ったラベル予測を行いました。ここでは、予測確率を見ていきます。二値分類においての予測は、0または1といった2つの値のどちらかを予測しなければなりません。しかし、実際にはどちらのラベルに分類されるかを確率で表せるモデルがほとんどです。つまり、0に分類される確率や1に分類される確率をそれぞれ求めることができます。

学習済みモデルのpredict_probaメソッドを使って予測確率を確認できます。

▼サンプルコード

```
model_lor.predict_proba(X)
```

```
array([[4.41813058e-03, 9.95581869e-01],
       [4.87318118e-04, 9.99512682e-01],
       [3.31064277e-04, 9.99668936e-01],
       ...,
       [2.62819353e-02, 9.73718065e-01],
       [5.09374706e-06, 9.99994906e-01],
       [9.74068776e-01, 2.59312242e-02]])
```

この出力は、特徴量X内のデータごとに、0に予測される確率と1に予測される確率が出力されます。1行目の例でいうと、0に分類される確率が約0.44%なので、予測は悪性（1）となります。反対に最後のデータは、0に分類される確率が約97.4%なので、予測は良性（0）となります。

なお、scikit-learnのpredictメソッドでは、0.5をしきい値に判定された結果が用いられます。

ここでは、悪性の見逃しを極力したくないと考え、予測確率の2要素目（悪性（1）の確率）が、10%（0.1）以上の場合を考えてみます。

▼サンプルコード

```
import numpy as np
y_pred2 = (model_lor.predict_proba(X)[:, 1]>0.1).astype(np.int)
print(confusion_matrix(y, y_pred2))
```

```
[[259  98]
 [  2 210]]
```

混同行列を出力した結果、狙いどおりに、左下のFN（False Negative）（実際には1のデータを0と間違って予測した場合）を減らすことができました。

ここで他の指標も確認してみます。

▼サンプルコード

```
print(accuracy_score(y, y_pred2))
print(recall_score(y, y_pred2))
```

```
0.8242530755711776
```

```
0.9905660377358491
```

正解率は、0.82と下落しています。しかし、悪性（1）のときの再現率は0.99と非常に高くなっていることがわかります。

ROC曲線・AUC

ここまで、正解率やF値などについて説明してきましたが、実はこれらの指標がうまく機能しない場合があります。それは、ポジティブのデータ数とネガティブのデータ数に大きな偏りがある場合です。例として、出力結果を常にポジティブと予測してしまうモデルを考えてみます。どんな入力に対しても、ポジティブと予測するため、正解率はかなり低いものになってしまうと考えられるでしょう。しかし、ポジティブのデータ数が95個、ネガティブのデータ数が5個のような偏りがある入力データの場合、95%という高い正解率が計算されてしまいます。

このモデルは極端な例ですが、実際の問題でも、モデルがうまく学習できていないのに、データが不均衡なため高い正解率が計算されるということはよくあることです。

不均衡データに対応するための指標として、AUC（Area Under the Curve）というものがあります。AUCは、ROC（Receiver Operating Characteristic）曲線の下側面積です。このROC曲線（図4.1.1）は、偽陽性率（False Positive Rate）というFPの割合を横軸に、真陽性率（True Positive Rate）というTPの割合を縦軸にしたグラフで表現します。予測確率に対してどこからを陽性にするかというしきい値を1からすこしずつ下げていったときの、FPとTPの関係の変化をグラフにしたものとなります。

ROC曲線の可視化に必要な偽陽性率、真陽性率はroc_curve関数を用いて計算できます。

▼サンプルコード

```
from sklearn.metrics import roc_curve
probas = model_lor.predict_proba(X)
fpr, tpr, thresholds = roc_curve(y, probas[:, 1])
```

roc_curve 関数の入力は、目的変数（クラスラベルデータ）と予測確率です。予測確率の計算にはpredict_proba メソッドを用いています。roc_curve 関数で出力された、fpr、tprをMatplotlibで可視化してみます。

▼サンプルコード

```
%matplotlib inline
import matplotlib.pyplot as plt
plt.style.use('fivethirtyeight')

fig, ax = plt.subplots()
fig.set_size_inches(4.8, 5)

ax.step(fpr, tpr, 'gray')
ax.fill_between(fpr, tpr, 0, color='skyblue', alpha=0.8)
ax.set_xlabel('False Positive Rate')
ax.set_ylabel('True Positive Rate')
ax.set_facecolor('xkcd:white')
plt.show()
```

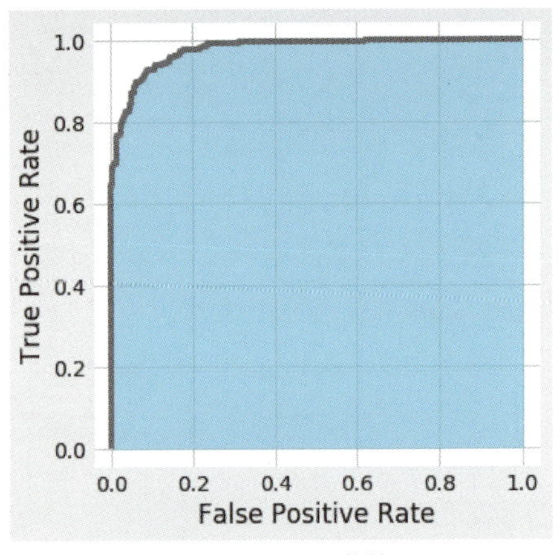

▲図 4.1.1　ROC曲線

ROC曲線の下部の面積がAUCです。面積が最大で1、最小で0となります。AUCが1に近づく（面積が大きい）ほど精度が高いことを示し、0.5付近の値では予測がうまくいっていないことを示しています。つまり、0.5周辺の値が出た場合は、コインを投げて表裏で良性か悪性かをランダムに決めているのと大差ない分類モデルということになります。

AUCを求めるには、roc_auc_score関数を用います。

▼サンプルコード

```
from sklearn.metrics import roc_auc_score
roc_auc_score(y, probas[:, 1])
```

```
0.9767322023148881
```

AUCは約0.977と、1に近いことがわかりました。分類のモデルとしては、高い精度となっています。

乳がんのデータはあまり偏りがないため、正解率を使ってモデルの性能を調べてもそれほど問題にはなりません。一方、入力データがWebサイトの広告を見た人がどれくらい商品を購入するかを予測するような場合は、正例と負例の数にかなり偏りがあることがあり、正解率は0.99なのに、AUCが0.6となってしまうようなことはよくあります。不均衡データを扱うときは指標にAUCを用います。

 回帰問題における評価方法

前項の分類に続いて、ここでは回帰問題における評価方法を説明します。回帰問題では大小関係に意味のある数値を予測することを目指すため、分類問題とは異なる評価方法が存在します。今回使用するデータは、アメリカボストンの住宅価格のデータです。このデータは、13個の説明変数を持ち、目的変数は5.0から50.0の間の数値です。簡単のため、単回帰での説明を行いますので、13個の説明変数から「住居の平均部屋数（列名はRM）」のみを用います。

▼サンプルコード

```
from sklearn.datasets import load_boston
data = load_boston()
X = data.data[:, [5,]]
y = data.target
```

データセットの説明変数から平均部屋数の列のみをXに、目的変数をyに代入しています。説明変数であるXは1列からなるデータですが、慣例で大文字のXを用います。目的変数のyは、数値データとなっています。Xは506行×1列のデータ、yも506行×1列のデータです。

▼サンプルコード

```
from sklearn.linear_model import LinearRegression
model_lir = LinearRegression()
model_lir.fit(X, y)
y_pred = model_lir.predict(X)
```

LinearRegressionクラスをインポートして用います。model_lirを初期化し、fitメソッドで学習を行います。その後、学習済みモデルmodel_lirのpredictメソッドを用いて予測を行い、予測結果を変数y_predに代入しています。

今回利用しているLinearRegressionは、線形回帰アルゴリズムです。また、説明変数は1列のデータであるため、モデルは$y = ax + b$という一次方程式で表せます。傾きであるaと、切片であるbを確認してみましょう。

▼サンプルコード

```
print(model_lir.coef_)
print(model_lir.intercept_)
```

```
array([9.10210898])
```

```
-34.67062077643857
```

傾きaは、約9.10、切片bは、約−34.67となっています。つまり、今回の学習済みモデルは、y = 9.10x − 34.67という直線で表すことができます。部屋数が5のときは、9.10 × 5 − 34.67となりますので、10.83という家賃予測が導かれます。この線形回帰では、学習パラメータであるaとbが学習データを用いて定めたものです。学習データが増えたり減ったりしたらこれらの学習パラメータが別の値に変化していきます。

次に、予測した結果をグラフ化することで、学習済みモデルがどのような予測をしたのかを確認してみます。今回は1個の説明変数（平均部屋数）から目的変数（家賃）を予測するため、平均部屋数を横軸に、家賃を縦軸にとったグラフで表現できます。

Matplotlibを用いてデータを確認します。

▼サンプルコード

```
%matplotlib inline
import matplotlib.pyplot as plt
fig, ax = plt.subplots()
ax.scatter(X, y, color='pink', marker='s', label='data set')
ax.plot(X, y_pred, color='blue', label='regression curve')
ax.legend()
plt.show()
```

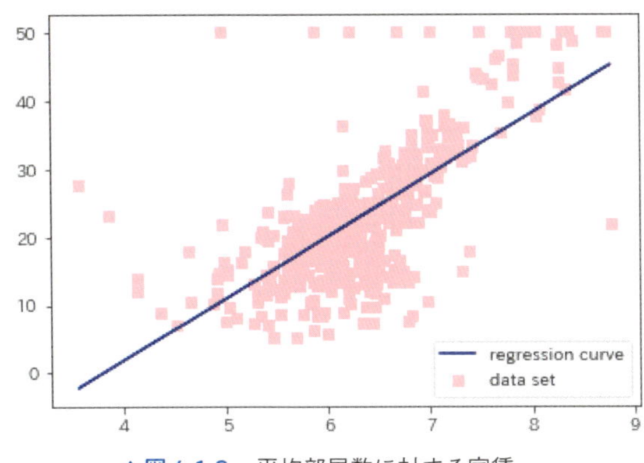

▲図 4.1.2　平均部屋数に対する家賃

データセットをピンク色でプロットしています（図4.1.2）。ピンク色のデータを見ると、右上がりになっていますが、外れ値も含まれているようです(縦軸50になっている上部にプロットされているデータ)。予測結果を青線で表しています。概ねデータに沿った線が出力されています。これは部屋数が増えると価格が上昇するという予測が一次関数で表されているということになります。グラフ化することで、学習結果を大まかに把握することができました。次に、学習結果を定量的に調べるため、平均二乗誤差、決定係数という2つの指標を利用します。

平均二乗誤差

二乗誤差とは、実際の値と予測値にどれだけの差が存在するかを示す数値です（第2章の図鑑番号01を参照）。例を元に説明します。図4.1.3を見てください。

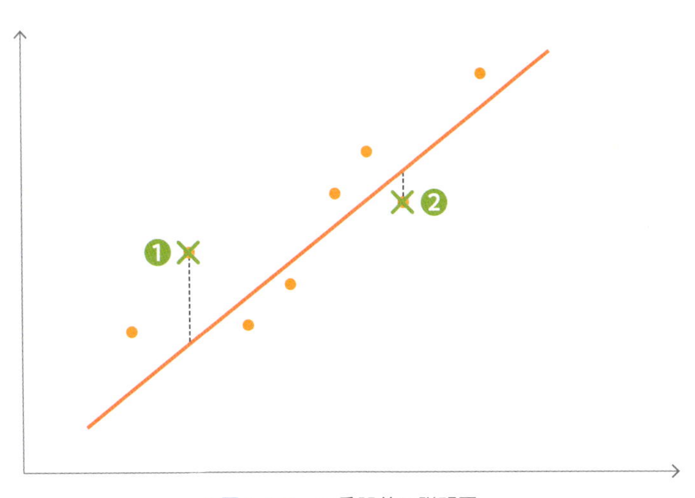

▲図 4.1.3　二乗誤差の説明図

予測値を示す直線があります。①と②の2つの×で示す点があります。それぞれの点から予測値を示す直線に対してまっすぐに補助線を引きます。その補助線の長さが誤差となります。

この場合、①の方が②よりも予測値から遠いことが見てとれると思います。つまり、②については予測値に近く誤差が少ないという結果になりました。評価を行うデータに対して、予測値との誤差の二乗をすべて計算しそれの平均をとったものが、**平均二乗誤差**となります。つまり、平均二乗誤差が小さいほど、予測値が正しいことを示しています。scikit-learnでは、mean_squared_error関数を使うことで、平均二乗誤差を計算することができます。

▼サンプルコード

```
from sklearn.metrics import mean_squared_error
mean_squared_error(y, y_pred)
```

```
43.60055177116956
```

平均二乗誤差は約43.6となりました。

決定係数

決定係数は、平均二乗誤差を使って、学習済みモデルの予測の当てはまり度を示す数値です。R^2といわれている係数です。

この係数は、最大で1.0となり誤差がないことを示します。通常は0.0から1.0の値となりますが予測値があまりにも外れている場合はマイナスの値をとることもあります。つまり、1.0に近いほど、モデルがデータ点をうまく説明できているといえます。r2_score関数を使って決定係数を計算します。

▼サンプルコード

```
from sklearn.metrics import r2_score
r2_score(y, y_pred)
```

```
0.48352545599133423
```

決定係数が約0.484となりました。

平均二乗誤差と決定係数の指標の違い

ここまで2つの指標を使って、回帰問題の評価方法を説明しました。平均二乗誤差は、その値を見ただけでは精度の良し悪しを判断できないことがあります。目的変数の分散が大きい場合、平均二乗誤差も大きくなってしまいます。一方、決定係数は0.0～1.0という目的変数の分散に依存しない値で表すことができるため、目的変数のスケールが異なる場合でも一般的な指標として扱うことができます。

異なるアルゴリズムを利用した場合との比較

平均二乗誤差と決定係数について、LinearRegressionを用いて説明を進めてきましたが、他のアルゴリズムも利用してみましょう。今回はSVRで回帰を行い、その結果を比較してみます。SVRは第2章で解説したサポートベクトルマシン（カーネル法）を回帰に応用したものです。

▼サンプルコード

```
from sklearn.svm import SVR
model_svr_linear = SVR(C=0.01, kernel='linear')
model_svr_linear.fit(X, y)
y_svr_pred = model_svr_linear.predict(X)
```

SVRクラスをインポートし、学習、予測を行いました。LinearRegressionの結果と合わせてグラフで確認してみましょう。

▼サンプルコード

```
%matplotlib inline
import matplotlib.pyplot as plt
fig, ax = plt.subplots()
ax.scatter(X, y, color='pink', marker='s', label='data set')
ax.plot(X, y_pred, color='blue', label='regression curve')
ax.plot(X, y_svr_pred, color='red', label='SVR')
ax.legend()
plt.show()
```

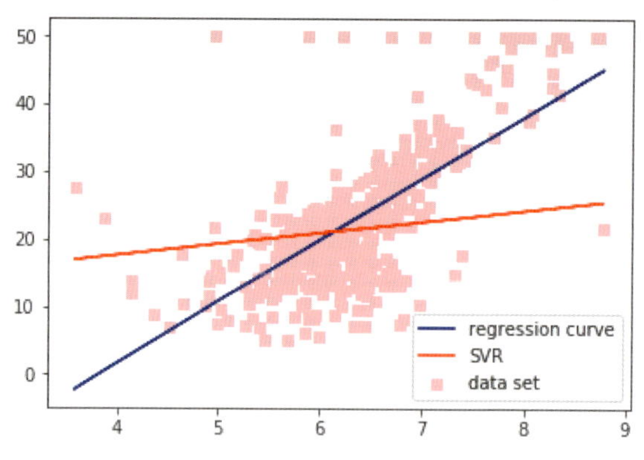

▲図 4.1.4　平均部屋数に対する家賃及び回帰直線

青線でLinearRegressionを示し、赤線でSVRを示しました（図4.1.4）。グラフで見ると、SVRの方がデータに沿っていないようです。次に、平均二乗誤差や決定係数の値を確認します。

▼サンプルコード

```
print(mean_squared_error(y, y_svr_pred))  # 平均二乗誤差
print(r2_score(y, y_svr_pred))  # 決定係数
print(model_svr_linear.coef_)  # 傾き
print(model_svr_linear.intercept_)  # 切片
```

```
72.14197118147209
0.14543531775956597
[[1.64398]]
11.13520958
```

結果は、順番に、平均二乗誤差、決定係数、傾き、切片となっています。LinearRegressionと比較すると、平均二乗誤差が43.6から72.1、決定係数が0.484から0.145となり、共に悪化してしまいました。この比較では、LinearRegressionの方が、各指標の値が良い結果となっています。

平均二乗誤差、決定係数を調べることで、定量的にモデルの評価を行うことができました。この結果ではSVRはあまり良いアルゴリズムではないように見えるかもしれません。しかし、SVRのC、kernelというパラメータを変更することで、平均二乗誤差や決定係数の数値を改善することができます。

ハイパーパラメータの設定

SVRを初期化するときのパラメータを、C=1.0、kernel='rbf'と変更してみましょう。

▼サンプルコード

```
model_svr_rbf = SVR(C=1.0, kernel='rbf')
model_svr_rbf.fit(X, y)
y_svr_pred = model_svr_rbf.predict(X)
print(mean_squared_error(y, y_svr_pred))  # 平均二乗誤差
print(r2_score(y, y_svr_pred))  # 決定係数
```

```
36.42126375260171
0.5685684051071418
```

平均二乗誤差と決定係数をともに改善することができました。Cとkernelは SVRのハイパーパラメータです。model_svr_rbf.coef_やmodel_svr_rbf.intercept_のような学習パラメータは、機械学習のアルゴリズムによって、更新されていくのに対し、ハイパーパラメータは、学習を始める前にユーザによって与える必要があります。そのため、ハイパーパラメータをうまく設定できないと、モデルの性能が低くなってしまうことがあります。

モデルの過学習

ここからは、モデルの過学習について見ていきます。

以下のようにデータセットを学習データ、性能確認用の検証データに分割して、SVRで学習、予測を行います。

▼サンプルコード

```
train_X, test_X = X[:400], X[400:]
train_y, test_y = y[:400], y[400:]
model_svr_rbf_1 = SVR(C=1.0, kernel='rbf')
model_svr_rbf_1.fit(train_X, train_y)
```

```
test_y_pred = model_svr_rbf_1.predict(test_X)
print(mean_squared_error(test_y, test_y_pred))  # 平均二乗誤差
print(r2_score(test_y, test_y_pred))  # 決定係数
```

```
69.16928620453004
-1.4478345530124388
```

同じハイパーパラメータを用いているのですが、学習データに対する性能と比較して、検証データに対する性能が大きく下がっています。このように、学習データに対してうまく予測できているのに、検証データ、つまり学習に利用しなかったデータに対して、予測がうまくできないことを**過学習**（または過剰学習、オーバーフィッティング）といいます。

教師あり学習では、この過学習を防ぐことが重要な問題となっています。これまで説明してきた各指標を単に調べるだけでは、そのモデルの良し悪しを判断することはできません。実際の問題に利用する際には、未知のデータに対する予測精度が重要です。このような未知のデータに対する性能は汎化性能と呼ばれます。学習データに対する**平均二乗誤差**が小さくても、過学習している場合、汎化性能は低くなってしまいます。

過学習やハイパーパラメータの設定は、分類問題、回帰問題に共通した課題です。次項以降で、これらの課題に対処するための方法を説明していきます。

過学習を防ぐ方法

教師あり学習では、特徴量と目的変数が学習データとして事前に与えられています。この学習データに対して性能評価ができることは、ここまで説明してきました。一方、教師あり学習を実問題に利用する場合には、学習データに対する性能に加え、学習データに含まれていないデータ、つまり未知のデータに対する性能が非常に重要です。例えば、乳がんのデータを使った問題では、「患者の身体データ」（特徴量）と「悪性/良性」（目的変数）が学習データです。

このとき実用上で重要なのは、「悪性/良性」がわかっていない患者に対して、その患者の身体データから、「悪性/良性」を予測できるかということです。学習データに対する予測精度が高くても、未知のデータに対しての予測がうまくできないようなモデルは、良いモデルであるとはいえません。過学習を防ぐための方法は、いくつか存在しますが、代表的なものを紹介していきます。

 学習データと検証データに分割

過学習を防ぐための代表的な方法として、学習データと検証データに分割するというものがあります。つまり、事前に与えられているデータをすべて使って学習するのではなく、データセットの一部を検証用に分けておき、学習には利用しないという方法です。

scikit-learnのtrain_test_split関数を使うと、簡単にデータ分割を行うことができます。

▼サンプルコード

```
from sklearn.datasets import load_breast_cancer
data = load_breast_cancer()
X = data.data
y = data.target

from sklearn.model_selection import train_test_split
X_train, X_test, y_train, y_test = train_test_split(X, y, test_size=0.3)
```

・学習用の特徴量: X_train
・検証用の特徴量: X_test
・学習用の目的変数: y_train
・検証用の目的変数: y_test

学習データと検証データに分割して、70%を学習用、30%を検証用にしました。この分割比をどのくらいに設定するかは、明確なルールはありません。データセットが多くあり、十分に学習用のデータがある場合は6対4にすることもあります。逆にデータセットが少なく、うまく学習できない場合は8対2にしたりします。また、train_test_splitの結果は実行ごとに異なるため、結果を固定したい場合はrandom_stateを指定します。

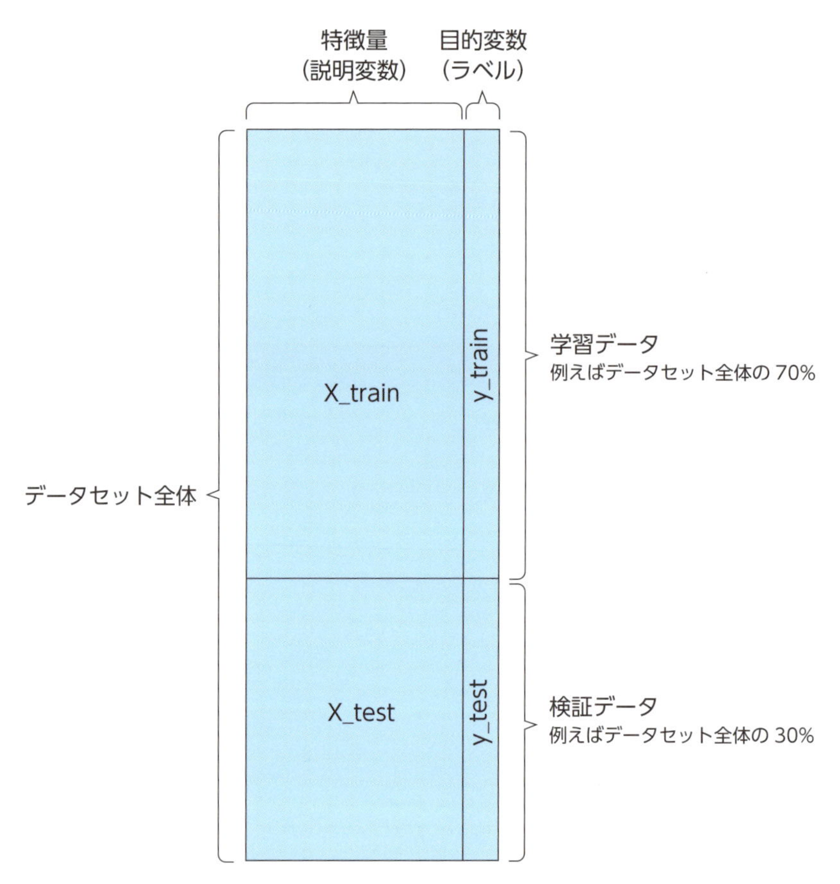

▲図 4.1.5　学習データと検証データを分割30%残す例

学習データ、検証データを使ってアルゴリズムの学習を行い、モデルを作ります。

▼サンプルコード

```
from sklearn.svm import SVC
model_svc = SVC()
model_svc.fit(X_train, y_train)
y_train_pred = model_svc.predict(X_train)
y_test_pred = model_svc.predict(X_test)
from sklearn.metrics import accuracy_score
print(accuracy_score(y_train, y_train_pred))
print(accuracy_score(y_test, y_test_pred))
```

```
1.0
0.6023391812865497
```

学習データに対する正解率と比較して、検証データに対する正解率が大きく下がっているため過学習していることがわかります。未知データに対しては、60％程度の正解率となってしまいます。次に、別のモデルであるRandomForestClassifierを使ってみましょう。

▼サンプルコード

```
from sklearn.ensemble import RandomForestClassifier
model_rfc = RandomForestClassifier()
model_rfc.fit(X_train, y_train)
y_train_pred = model_rfc.predict(X_train)
y_test_pred = model_rfc.predict(X_test)
from sklearn.metrics import accuracy_score
print(accuracy_score(y_train, y_train_pred))
print(accuracy_score(y_test, y_test_pred))
```

```
0.9974874371859297
```

```
0.9590643274853801
```

今度も、検証データに対する正解率の方が低いですが、約96％と高い正解率になっています。検証データに対しても高い正解率となっているので、過学習が防げているといえます。

それぞれのモデルの結果を見ると、RandomForestClassifierの方を利用すべきでしょう。モデルの選定に当たって、もしデータの分割を行わず、学習データに対する正解率だけを見ていた場合は、SVCを選んでいたかもしれません。検証データに対する正解率を見ることで、過学習しているモデルの利用を避けることができました。

交差検証（クロスバリデーション）

学習データと検証データに分割して評価したとしても過学習してしまうことがあります。使用した学習データと検証データの相性が偶然にいい場合が考えられます。逆に悪い組み合わせのパターンも考えられます。これら分割時の誤差を避けるために、複数の分割パターンで何度か検証を行う方法があります。これを、交差検証（クロスバリデーション）といいます。

ここでは、80%を学習用、20%を検証用にし5分割する場合で説明します。

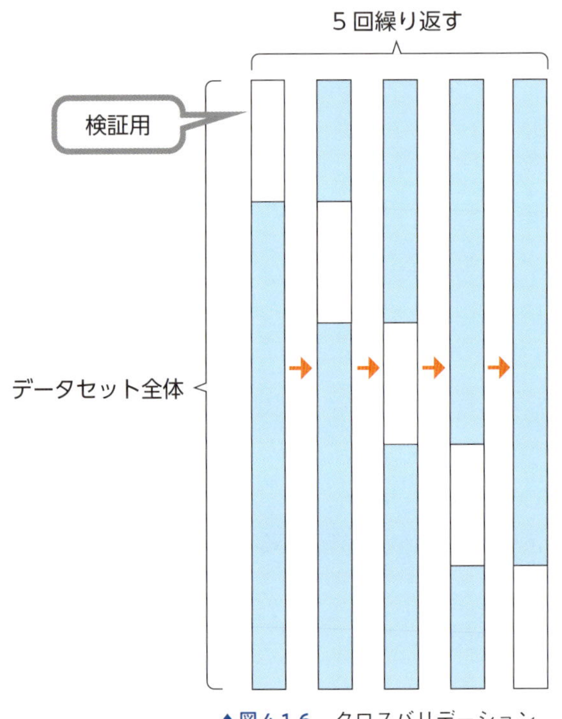

▲図 4.1.6　クロスバリデーション

図4.1.6にあるとおり、20%の検証データを取得するパターンを5回作っています。なお、この図の場合、まとまった順番で20%分を抽出していますが、実際にはランダムに選ばれた20%を検証データとして使うようになっています。

以下のように、5個に分割、つまり20%残して学習させて検証を行うことを5回実施することが簡単にできます。

▼サンプルコード

```
from sklearn.model_selection import cross_val_score
from sklearn.model_selection import KFold
cv = KFold(5, shuffle=True)
model_rfc_1 = RandomForestClassifier()
cross_val_score(model_rfc_1, X, y, cv=cv, scoring='accuracy')
```

```
array([0.99122807, 0.92982456, 0.94736842, 0.96491228, 0.92920354])
```

この場合は、正解率を5回分出力しています。正解率が高い場合と、低い場合があるのがわかります。モデルの選択は、各正解率の平均や標準偏差を考慮して行います。

F値で評価結果を出す方法もあります。

以下のように、cross_val_score 関数に、scoring 引数 f1 を定義することで F値 が出力されます。

▼サンプルコード

```
cross_val_score(model_rfc_1, X, y, cv=cv, scoring="f1")
```

```
array([0.99280576, 0.93846154, 0.97902098, 0.97297297, 0.97435897])
```

ハイパーパラメータの探索

分割したデータを利用することで、過学習していないモデルを選択できることを説明してきましたが、ハイパーパラメータを注意深く選ぶことで、モデルの性能をより向上させることができます。ハイパーパラメータの設定で行なったように、あるハイパーパラメータを設定し、性能を確認する作業を繰り返すことで、より良いハイパーパラメータを選ぶことができます。しかし、複数のハイパーパラメータの組み合わせ数は膨大であるため、ハイパーパラメータを一つひとつ設定していく作業には、非常に時間がかかってしまいます。

ここでは、ハイパーパラメータを探索する方法を説明します。

グリッドサーチによるハイパーパラメータの選択

ハイパーパラメータの探索を自動的に行う方法として、グリッドサーチと呼ばれるものがあります。グリッドサーチは日本語でいうと、格子状に探索するという意味となり、以下の図4.1.7のようにそれぞれのハイパーパラメータの組み合わせを網羅的に探索する方法です。なお、探索するハイパーパラメータはあらかじめ決めておく必要があります。

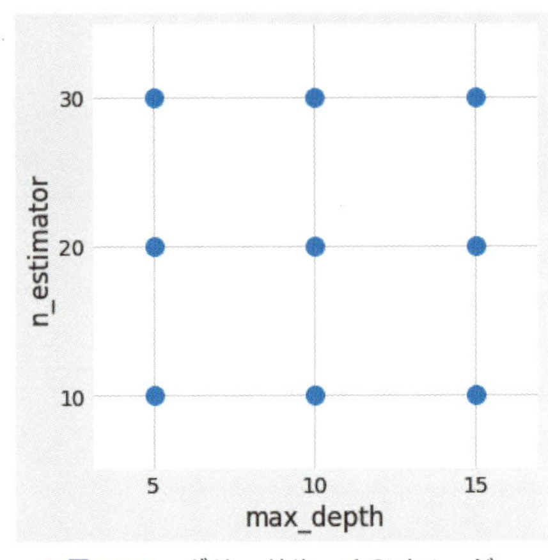

▲図 4.1.7　グリッドサーチのイメージ

scikit-learnのGridSearchCVを用いて、RandomForestClassifier のハイパーパラメータの探索を行う例を見てみます。GridSearchCVでは、検証データに対する性能を見ながら、ハイパーパラメータの探索を行います。

最初に、データを読み込みます。ここでは分類タスクでグリッドサーチを行いますので、アメリカ ウィスコンシンの乳がんのデータをあらためて読み込み直します。

▼サンプルコード

```
from sklearn.datasets import load_breast_cancer
data = load_breast_cancer()
X = data.data
y = 1 - data.target
# ラベルの0と1を反転
X = X[:, :10]
```

グリッドサーチを実行します。

▼サンプルコード

```
from sklearn.ensemble import RandomForestClassifier
from sklearn.model_selection import GridSearchCV
from sklearn.model_selection import KFold

cv = KFold(5, shuffle=True)
param_grid = {'max_depth': [5, 10, 15], 'n_estimators': [10, 20, 30]}
model_rfc_2 = RandomForestClassifier()
grid_search = GridSearchCV(model_rfc_2, param_grid, cv=cv, scoring='accuracy')
grid_search.fit(X, y)
```

ここではmax_depthの値として3通り、n_estimatorsの値として3通りを用意していてすべての組み合わせ、つまり3×3＝9通りについて評価しています。一番良いコアとそのときのハイパーパラメータの値は以下で確認できます。

▼サンプルコード

```
print(grid_search.best_score_)
print(grid_search.best_params_)
```

```
0.9490333919156415
```

```
{'max_depth': 10, 'n_estimators': 10}
```

交差検証と同様にF値を使って評価をすることも可能です。GridSearchCVに対して、scoring引数にf1を指定することで簡単に評価方法を変更することができます。

▼サンプルコード

```
grid_search = GridSearchCV(model_rfc_2, param_grid, cv=cv, scoring='f1')
```

コラム　過学習を防ぐさまざまな方法

ここまで、ハイパーパラメータの調整などで過学習を防ぐ方法を見てきました。過学習を防ぐ方法は他にもあります。

過学習を防ぐ主な方法のキーワードのみを列挙します。これらのキーワードも合わせて検討をしてみてください。

・学習データを増やす
・特徴量削減
・正則化
・アーリーストッピング
・アンサンブル学習

4.2 文書データの変換処理

本書では、機械学習モデルの入力として要素が数値であるような表形式のデータを扱ってきました。しかし自然言語処理の分野では、そのままでは入力として利用できないような文書データを扱う必要があります。

この節では、文書データを表形式のデータに変換する2つの手法について説明します。1つは単語カウントによる変換、もう1つはtf-idfによる変換です。変換後の表形式データに対してそれぞれ機械学習モデルを適用し、それらの結果を比較します。

文書 1	0.3	1.3	0.9
文書 2	1.8	0.5	1.1
文書 3	1.2	0.7	0.2
…			

▲図 4.2.1　文書データの変換

 単語カウントによる変換

単語カウントによる変換について説明します。単語カウントは文書内の単語を数えることで文書データを表形式のデータに変換する手法です。

以下のような文書データを利用します。

"This is my car"
"This is my friend"
"This is my English book"

次の表4.2.1は各文書に対して単語の出現数をカウントしたものです。縦方向に文書、横方向に全文書内の単語種類が並んでいて、文書に出現しなかった単語は0として表されます。文書をこのように変換することで表形式データで表現できていることがわかります。

	This	is	my	car	friend	English	book
文書1	1	1	1	1	0	0	0
文書2	1	1	1	0	1	0	0
文書3	1	1	1	0	0	1	1

▲表4.2.1　文書データの単語カウント

単語カウントによって文書の特徴を表現することができましたが、各単語に注目してみると、どの文書にも共通して出現する単語と文書に特徴的な単語があることがわかります。例えばThisという単語はどの文書にも出現するありふれた単語ですが、carは文書1にしか存在していないため、文書を表現する上で重要な単語であるといえそうです。

単語カウントではこのような単語の重要度を考慮することなく、すべての単語を平等にカウントしています。どのように単語の重要度を評価すればよいでしょうか？ 次の項でtf-idfという手法が単語の重要度をどのように考慮して表現する方法か説明します。

tf-idfによる変換

tf-idfはtf（Term Frequency）とidf（Inverse Document Frequency）という2つの指標から、文書中の単語の重要度を表現することができる手法です。

tfは文書内の単語の出現頻度で、idfは単語を含む文書が多いと小さくなる値です。つまりThisなどのように多くの文書内で使われている単語はidfが小さくなります。この2つの指標を掛け合わせたものをtf-idfといいます。このtf-idfを先ほどの文書データに適用したものが表4.2.2になります。

	This	is	my	car	friend	English	book
文書1	0.41	0.41	0.41	0.70	0.00	0.00	0.00
文書2	0.41	0.41	0.41	0.00	0.70	0.00	0.00
文書3	0.34	0.34	0.34	0.00	0.00	0.57	0.57

▲表4.2.2　文書データのtf-idf表現

Thisやmyなど、どの文書にも含まれる単語の値が小さくなり、carやfriendなど、特定の文書にしか出現しない単語の値が大きくなっていることがわかります。専門用語や固有名詞など、特定の文書にしか出現しない単語はtf-idfの値が大きくなりやすいため、その単語を含む文書をうまく表現できる場合があります。

機械学習モデルへの適用

単語カウントやtf-idfを使って、文書データを表形式データに変換し実際に機械学習モデルを適用してみましょう。scikit-learnでは、CountVectorizerで単語カウント、TfidfVectorizerでtf-idfの変換を行うことができます。また、文書データはfetch_20newsgroupsで取得し、機械学習モデルにはLinearSVCを利用します。

▼サンプルコード

```
import numpy as np
from sklearn.feature_extraction.text import CountVectorizer、TfidfVectorizer
from sklearn.svm import LinearSVC
from sklearn.datasets import fetch_20newsgroups

categories = ['alt.atheism', 'soc.religion.christian', 'comp.graphics',
'sci.med']
remove = ('headers', 'footers', 'quotes')
twenty_train = fetch_20newsgroups(subset='train',
                                  remove=remove,
                                  categories=categories)  # 学習データ
twenty_test = fetch_20newsgroups(subset='test',
                                 remove=remove,
                                 categories=categories)  # 検証データ
```

ここで使っている20newsgroupsというデータセットは、20種類のテーマごとのネット投稿をまとめたデータセットです。ここでは特に変数categoriesで指定した4種類のテーマについてのデータをダウンロードしています。

まずは文書データを単語カウントで変換し、LinearSVCで学習・予測を行います。このとき検証データに対する正解率は0.742となりました。文書データを表形式データに変換し、教師あり学習を実行することができました。

▼サンプルコード

```
count_vect = CountVectorizer()  # 単語カウント
X_train_counts = count_vect.fit_transform(twenty_train.data)
X_test_count = count_vect.transform(twenty_test.data)

model = LinearSVC()
model.fit(X_train_counts、twenty_train.target)
predicted = model.predict(X_test_count)
np.mean(predicted == twenty_test.target)
```

```
0.7423435419440746
```

次にtf-idfを使って変換し、同様に学習・予測を行います。このときの正解率は0.815となり、単語カウントによる変換よりも高い正解率となったことを確認できました。tf-idfを利用することで文書データの特徴をうまく捉えることができたようです。

▼サンプルコード

```
tf_vec = TfidfVectorizer()  # tf-idf
X_train_tfidf = tf_vec.fit_transform(twenty_train.data)
X_test_tfidf = tf_vec.transform(twenty_test.data)

model = LinearSVC()
model.fit(X_train_tfidf, twenty_train.target)
predicted = model.predict(X_test_tfidf)
np.mean(predicted == twenty_test.target)
```

```
0.8149134487350199
```

4.3 画像データの変換処理

本節では、画像データを機械学習の入力データとしてで扱えるようにする方法を説明します。ここでは例として、グレースケール画像データを取り扱います。グレースケール画像とは画像内の各ピクセルが明るさのみを表しているような画像です。このような画像データを入力データとして与えるためにはどのような処理が必要かを考えてみましょう。

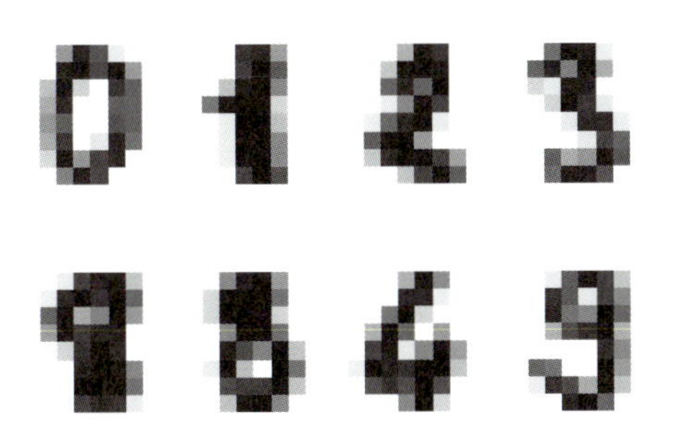

0	0	5	13	9	1	0	0
0	0	13	15	10	15	5	0
0	3	15	2	0	11	8	0
0	4	12	0	0	8	8	0
0	5	8	0	0	9	8	0
0	4	11	0	1	12	7	0
0	2	14	5	10	12	0	0
0	0	6	13	10	0	0	0

▲図 4.3.1　画像データと表形式データ

ピクセルの情報をそのまま数値として利用する

画像データを入力データとして扱う方法として各ピクセルの情報をそのまま数値として利用する方法があります。表4.3.1のように画像データをベクトルデータに変換します。簡単な画像認識の問題であれば、このシンプルな変換でもある程度の精度のモデルを構築することができます。

画像データ	ベクトルデータ
	[8, 0, 12,..., 19]
	[8, 0, 12,..., 19]
	[8, 0, 12,..., 19]

▲表 4.3.1　画像データをベクトルデータに変換

この変換により、機械学習モデルの入力データを作成することができますが、二次元的な関連を持つピクセルデータが"平らな"ベクトルに変換されているので、重要な情報が捨てられているともいえます。二次元的な関連を保持したままの入力データを扱うモデルも存在します。例えば画像認識でよく使われるディープラーニングでは、ピクセルの近接関係の情報を利用しています。

以下に、画像データをベクトルデータに変換する際のサンプルコードを記載します。Pythonサードパーティー製パッケージのPillowを利用し、画像（png）データからベクトルデータへの変換を行なっています。

▼サンプルコード

```
from PIL import Image
import numpy as np


img = Image.open('mlzukan-img.png').convert('L')
width, height = img.size
img_pixels = []
for y in range(height):
    for x in range(width):
        # getpixelで指定した位置のピクセル値を取得.
        img_pixels.append(img.getpixel((x,y)))

print(img_pixels)
```

```
[250, 255, 216,..., 89]
```

変換後のベクトルデータを入力として機械学習モデルを適用する

前項では画像データをベクトルデータに変換する方法を説明しました。変換後のデータを用いて実際に機械学習モデルを作成してみましょう。グレースケールの手書き数値データを利用し、0〜9の10種類の数値を予測するモデルを構築します。

scikit-learnのdatasetsモジュールを利用するとベクトル変換済みのデータが取得できるため、これを入力データとします。

予測結果を見ると、ベクトルデータを利用したモデルが高い精度で予測できていることがわかります。

▼サンプルコード

```
from sklearn import datasets
from sklearn import metrics
from sklearn.ensemble import RandomForestClassifier

digits = datasets.load_digits()

n_samples = len(digits.images)
data = digits.images.reshape((n_samples, -1))

model = RandomForestClassifier()

model.fit(data[:n_samples // 2], digits.target[:n_samples // 2])

expected = digits.target[n_samples // 2:]
predicted = model.predict(data[n_samples // 2:])

print(metrics.model_report(expected, predicted))
```

```
     precision   recall   f1-score   support
0    0.94        0.99     0.96       88
1    0.90        0.89     0.90       91
2    0.95        0.88     0.92       86
3    0.80        0.88     0.84       91
4    0.95        0.87     0.91       92
5    0.81        0.82     0.82       91
```

```
6      0.98          0.98     0.98       91
7      0.95          0.97     0.96       89
8      0.88          0.73     0.80       88
9      0.76          0.86     0.81       92


avg / total 0.890.890.89 899
```

第5章

環境構築

この章ではPythonで機械学習を行うための環境構築方法を説明します。OSごとにPythonのセットアップ方法を解説し、その後仮想環境を作り、パッケージのインストールを行います。

5.1 Python 3のインストール

Pythonにはメジャーバージョンが2つあり、それぞれの間での互換性がありません。旧来使われてきたPythonは、2系といわれるPython 2です。この2系は2020年1月をもってメンテナンスが終了します。また、2系を使っていると日本語の扱いや不明瞭な標準ライブラリ体系などで不便な点があるのですが、3系ではこれらの点が解消されています。

よって、この書籍では3系である、Python 3を使います。機械学習を行う上では、3系で困ることはほとんどありません。しかし、OSのデフォルトで採用されているものが2系の場合や、古い情報を見ると2系で書かれている場合がありますので注意をしてください。

ここでは、3系の執筆時点（2019年3月）での最新版であるPython 3.7.2をインストールします。OS別にWindows、macOS、Linux系の3つについて解説します。また、前半でPSF（Python software foundation）が公式にリリースしている標準的なインストール方法を解説し、後半にサードパーティーインストーラであるAnacondaを使ったインストール方法をWindows向けに解説しています。

 Windows

Windows 10に公式インストーラを使いPython 3.7をインストールします。

ダウンロードページは以下となります。

Python公式サイト（Windows）
https://www.python.org/downloads/windows/

このWebサイトにある最新Pythonバージョンから、Windows x86-64 web-based installerをクリックしexeファイルをダウンロードします。

ダウンロードしたファイルを開くと、インストールダイアログが表示されます。インストールダイアログの途中でAdd Python 3.7 to Pathのチェックボックスにチェックを入れ、Install Nowをクリックすると、Python 3.7のインストールが完了します。

コマンドプロンプトまたはパワーシェルから、コマンドpyを実行して、>>>が表示されPythonの対話モードに入れれば完了です。対話モードを終了するには、quit()と入力するか、[Ctrl]+[z]+[Enter]で行います。これでOSのコマンド入力モードに戻ります。

macOS

macOSには、デフォルトでPython 2.7がインストールされています（近い将来、Python 3.xに置き換わる可能性はあります）。これは、macOSがPythonを使ったツールを使用しているためです。ここでは、OSデフォルトのPython 2.7と共存する形でPython3.7をインストールします。macOS 10.9以降のバージョンに公式インストーラを使いPython 3.7をインストールします。

ダウンロードページは以下となります。

Python公式サイト（macOS）
https://www.python.org/downloads/mac-osx/

このWebサイトにある最新PythonバージョンからmacOS 64-bit installerをクリックしpkgファイルをダウンロードします。ダウンロードしたファイルを開くと、インストールダイアログが表示されます。そのまま指示に従ってクリックをすると、Python3.7のインストールが完了します。

その後に以下のコマンドを入力し、macOSのSSLルート証明書の利用を許可します。

```
$ /Applications/Python\ 3.7/Install\ Certificates.command
```

ターミナルから、コマンドpython3を実行して、>>>が表示されPythonの対話モードに入れれば完了です。対話モードを終了するには、quit()と入力するか、[control]+[d]で行います。これでOSのコマンド入力モードに戻ります。

Linux系

多くのLinux系のOSには、デフォルトでPythonがインストールされています。Linuxのディストリビューションによっては、Python 3系が導入されている場合もあります。ここでは、OSデフォルトのPythonと共存する形でPython 3.7をインストールします。

なお、ソースコードをビルドする以外にもaptなどのOSのパッケージマネージャーを使って最新のPythonを導入する方法もあります。

ダウンロードページは以下となります。

Python公式サイト（ソースコード）
https://www.python.org/downloads/source/

このWebサイトにある最新PythonバージョンからGzipped source tarballをクリックし、tgzファイルをダウンロードします。Pythonをビルドするために以下のライブラリを前もってインストールしておきましょう。

OpenSSL のヘッダーライブラリ（Ubuntuのパッケージ名：libssl-dev）
sqlite のヘッダーライブラリ（Ubuntuのパッケージ名：libsqlite3-dev）

Ubuntu 18.4の場合は以下を事前に実行します。以下には機械学習で必要なOSライブラリのインストールも含めています。

```
$ sudo apt install build-essential
$ sudo apt install libssl-dev libsqlite3-dev libbz2-dev
$ sudo apt install libffi-dev zlib1g-dev libreadline-gplv2-dev
$ sudo apt install libxml2-dev libxslt1-dev libjpeg62-dev
$ sudo apt install libblas-dev liblapack-dev gfortran libfreetype6-dev
```

ダウンロードしたファイルを解凍展開して、ターミナル（または、端末と呼ばれている）にて解凍展開したディレクトリに移動します。その後、以下のコマンドを実行し、/opt/python37ディレクトリにインストールします。

```
$ sudo apt install build-essential
$ ./configure --prefix=/opt/python37
$ make
$ sudo make install
```

ターミナルから、コマンド/opt/python37/bin/python3を実行して、>>>が表示されPythonの対話モードに入れれば完了です。対話モードを終了するには、quit()と入力するか、[Ctrl]+[d]で行います。これでOSのコマンド入力モードに戻ります。

Anacondaを使いWindowsにインストール

Anacondaはオールインワンのサードパーティーのインストーラーです。コンパイルが必要なパッケージの導入障壁を減らしている点で、機械学習を利用する場合には便利なツールです。一方、独自性が強く特に、Webアプリ開発と共存させようとすると大変です。機械学習以外のライブラリはconda cloud にない場合が多数あるためです。また、conda install とpip installは競合するので混ぜて使うと環境を壊してしまうことも注意点です。以下のAnaconda社のサイトからダウンロードできます。

Anaconda公式サイト
https://www.anaconda.com/download/#windows

サイト上のDownloadボタンをクリックしインストーラをダウンロードします。ダウンロード後ダイアログボックスの指示に従いインストールを行います。インストール後、スタートメニューからAnaconda Promptを選択すると、コマンドプロンプトが立ち上がりpythonコマンドの実行が可能になります。>>>が表示されPythonの対話モードに入れれば完了です。対話モードからは、quit()と入力するか、[Ctrl]+[z]+[Enter]でOSのコマンド入力モードに戻ります。

5.2 仮想環境

1つのコンピュータの中に複数のPythonの実行環境を構築することができます。Pythonのバージョンを複数実行できるようにすることも可能です。ここでは、導入するライブラリのバージョンを管理する目的で仮想環境を準備します。また、仮想環境を準備することで、PythonやJupyter Notebookの起動コマンドを統一することも可能です。なお、ここでいう仮想環境は、VirtualBoxやVMWareなどのOSの仮想環境を指しているのでなく、Python実行環境についての仮想環境を指しています。簡単に例とあげると、例えば同じコンピュータ内でXとYという2つのPythonプログラムを開発しているとします。このときXとYで同じライブラリAを使うが、XではAのバージョン1.0を使い、YではAのバージョン1.1を使いたいということが起こりえます。こういうときに役立つのがPythonの仮想環境です。また、XとYのプログラムで使うPythonのバージョンが異なることもあるかもしれませんが、その場合にも仮想環境は役立ちます。

 公式インストーラの場合

Pythonには標準でvenvというモジュールが提供されており、公式インストーラでPythonを導入した方はこちらで仮想環境を作ることをお勧めします。

Windowsの場合

コマンドプロンプトまたはパワーシェルから、仮想環境を作りたいフォルダに移動して、以下のコマンドを実行するとenvというフォルダで仮想環境が作られます。

```
> Set-ExecutionPolicy RemoteSigned -Scope CurrentUser
> py -m venv env
```

仮想環境を有効にするには、以下のコマンドを実行します。

```
> env\Scripts\Activate.ps1
(env) >
```

完了すると、(env) > とプロンプトの前に仮想環境のフォルダ名が表示されます。

macOSの場合

ターミナルから仮想環境を作りたいフォルダに移動して、以下のコマンドを実行すると、envというフォルダで仮想環境が作られます。

```
$ python3  -m venv env
```

仮想環境を有効にするには、以下のコマンドを実行します。

```
$ source env/bin/activate
(env) $
```

完了すると、(env) $とプロンプトの前に仮想環境のフォルダ名が表示されます。

Linux系の場合

ターミナルから仮想環境を作りたいフォルダに移動して、以下のコマンドを実行するとenvというフォルダで仮想環境が作られます。

```
$ /opt/python37/bin/python3 -m venv env
```

仮想環境を有効にするには、以下のコマンドを実行します。

```
$ source env/bin/activate
(env) $
```

完了すると、(env) $とプロンプトの前に仮想環境のフォルダ名が表示されます。

Pythonの起動方法と仮想環境の無効化

仮想環境が有効になっているときは、コマンドプロンプトなどでpythonと入力すると有効化されているPythonが起動します。

```
(env) > python
```

仮想環境の無効化は、deactivateコマンドを実行します。

```
(env) > deactivate
>
```

プロンプトが標準の表記に戻り、仮想環境から抜けたことがわかります。最後に不要になった仮想環境の扱いを紹介します。仮想環境が不要になったら、envフォルダを消してしまいましょう。追加インストールしたパッケージなどが削除されます。

 Anacondaインストーラの場合

Anacondaの場合には、機械学習に使用する多くのライブラリが導入済みです。つまり仮想環境を作り新規にライブラリをインストールするという必要がない場合が多いと思います。Anacondaで仮想環境が必要な場合は、conda createコマンドを使って環境構築を行ってください。詳しくは、Anacondaの公式ドキュメントを確認してください。

5.3 パッケージインストール

サードパーティ製パッケージとは

Pythonに標準で提供されていない機能をサードパーティ製パッケージとして準備し拡張することができます。多くのパッケージがPyPI（https://pypi.org）で配布されています。多くのパッケージが公開されており、十分な実績があるものからお試し用のパッケージまでさまざまな物が存在します。その中でも、機械学習やデータ解析の分野で使用される定番のライブラリが存在します。本書ですでに利用している、scikit-learnも機械学習の定番サードパーティ製パッケージです。

インストールするパッケージ

パッケージのインストールは、pipコマンドを利用します。

Anacondaを利用している場合は、多くのライブラリが同梱されており追加でインストールが不要な物もあります。さらに、pipではなくcondaコマンドでインストールすることもあります。

公式インストーラの場合

本書で使用しているパッケージを導入します。必要なサードパーティ製パッケージは以下となります。

Jupyter Notebook
NumPy
SciPy
pandas
matplotlib
scikit-learn

追加が必要なパッケージのインストールコマンドは以下のとおりです。

```
(env) $ pip install jupyter numpy scipy pandas matplotlib scikit-learn
```

Anacondaインストーラの場合

本書で扱っている範囲のコードを実行する場合は、追加でパッケージのインストールは不要です。もし、他のパッケージが必要な場合は、conda installコマンドを用います。詳しくは、Anacondaの公式ドキュメントを確認してください。

参考文献

本書籍で紹介しきれなかった周辺技術のオンラインドキュメントやお勧めの書籍を紹介します。

• Python関係（オンライン）

『Python 3.7.2 ドキュメント』（公式ドキュメント日本語版） https://docs.python.org/ja/3/

「Python チュートリアル」（公式チュートリアル） https://docs.python.org/ja/3/tutorial/index.html

「Python Boot Camp テキスト」 https://pycamp.pycon.jp/textbook/

• Python関係（書籍）

『スラスラわかるPython』（翔泳社） Pythonの初学者向け書籍

『Effective Python ――Pythonプログラムを改良する59項目』（オライリージャパン） Pythonの中級向け書籍

『エキスパートPythonプログラミング改訂2版』（KADOKAWA） Pythonの上級向け書籍

• 前処理から機械学習

『Pythonユーザのための Jupyter［実践］入門』（技術評論社） pandasの基本や可視化が詳しく書かれている

『Pythonによるあたらしいデータ分析の教科書（AI&TECHNOLOGY）』（翔泳社） 前処理から機械学習まで一連の流れがわかる

『Pythonデータサイエンスハンドブック ―Jupyter、NumPy、pandas、Matplotlib、scikit-learnを使ったデータ分析、機械学習』（オライリージャパン） 前処理から機械学習まで詳しく書かれている

• 数学やアルゴリズム

『機械学習のエッセンス -実装しながら学ぶPython, 数学, アルゴリズム- (Machine Learning)』（ソフトバンククリエイティブ） Pythonで実装しながらアルゴリズムを学ぶ

『ゼロから作る Deep Learning ―Pythonで学ぶディープラーニングの理論と実装』（オライリージャパン） Pythonで実装しながら深層学習を学ぶ

『はじめてのパターン認識』（森北出版） パターン認識の基本的な内容を学ぶ

『データ解析のための統計モデリング入門 ―― 一般化線形モデル・階層ベイズモデル・MCMC（確率と情報の科学）』（岩波書店） 統計的モデリングを学ぶ、サンプルはR言語

『技術者のための基礎解析学 機械学習に必要な数学を本気で学ぶ』（翔泳社） 基礎解析を丁寧に数学的解法を用いて学ぶ

『統計学入門（基礎統計学Ⅰ）』（東京大学出版会） 統計の入門書の定番書籍

『線型代数入門（基礎数学1）』（東京大学出版会） 線形代数の定番書籍

『改訂2版 データサイエンティスト養成読本［プロになるためのデータ分析力が身につく！］（Software Design plus）』（技術評論社）
『データサイエンティスト養成読本 機械学習入門編（Software Design plus）』（技術評論社）
技術評論社の養成読本シリーズ

索 引

S

T

V

W

あ行

か行

さ行

た行

な行

は行

ま行

や行

ら行

著者プロフィール

秋庭 伸也 (Shinya AKIBA) @ak1niwa

2012年 早稲田大学基幹理工学部卒業
2015年 早稲田大学理工学術院基幹理工学研究科機械科学専攻修士課程修了
現在 株式会社リクルートコミュニケーションズ テクニカルリード

杉山 阿聖 (Sugiyama ASEI) @K_Ryuichirou

製造業系の情報子会社でiOSアプリ開発に3年、チャットボットの開発に2年従事。
現在はSENSY株式会社でリサーチャーとして、機械学習を利用した業務を実施中。
エンジニア向けの勉強会に参加したり登壇したりするのが趣味。

寺田　学 (Manabu TERADA) @terapyon

- (株)CMSコミュニケーションズ　代表取締役
  https://www.cmscom.jp
- 一般社団法人PyCon JP　代表理事
  http://www.pycon.jp
- Plone Foundation Ambassador
  https://plone.org
- 一般社団法人Pythonエンジニア育成推進協会　顧問理事
  https://www.pythonic-exam.com
- PSF (Python Software Foundation) Contributing members
  https://www.python.org/psf/membership/

Python Web関係の業務を中心にコンサルティングや構築を手がけている。2010年から国内のPythonコミュニティに積極的に関連し、PyCon JPの開催に尽力した。2013年3月からは一般社団法人PyCon JP代表理事を務める。その他のOSS関係コミュニティを主宰またはスタッフとして活動中。
一般社団法人Pythonエンジニア育成推進協会顧問理事として、Pythonの教育に積極的に関連している。
最近はPythonの魅力を伝えるべく、初心者向けや機械学習分野のPython講師を精力的に務めている。
『Pythonによるあたらしいデータ分析の教科書』(翔泳社:2018年9月) を共著、『スラスラわかるPython』(翔泳社:2017年8月) を監修、その他執筆活動も行っている。

レビューアー　清水川 貴之、杉山 剛、早川 敦士
装丁　轟木 亜紀子（株式会社 トップスタジオ）
本文デザイン・DTP　BUCH⁺
カバーイラスト　Pe-art（istock）

見て試してわかる機械学習アルゴリズムの仕組み
機械学習図鑑

2019年4月17日　初版第1刷発行

著者　秋庭 伸也
　　　杉山 阿聖
　　　寺田 学
監修　加藤 公一
発行人　佐々木 幹夫
発行所　株式会社 翔泳社（https://www.shoeisha.co.jp）
印刷・製本　株式会社 シナノ

ISBN978-4-7981-5565-4　Printed in Japan